幹細胞と再生医療

中辻 憲夫 著

SCIENCE PALETTE

丸善出版

はじめに

私が多能性幹細胞の入門書を執筆するのは2回目。前回は私たちが京都大学再生医科学研究所でヒトES細胞株（胚性《はいせい》幹細胞株、Embryonic Stem Cell Line）を樹立して基礎医学研究者へ細胞を分与するプロジェクトに着手した2002年だった。ヒトES細胞とは何か、その医学創薬への広範な応用可能性について解説した。今回の原稿を書きはじめたのは2014年8月13日だが、ES細胞やiPS細胞（人工多能性幹細胞、induced Pluripotent Stem Cell）という言葉が、生物学や医学に携わる人たちだけでなく広く一般の人たちにも知られるようになり、関心を集めているのは、皮肉にも2014年はじめからのいわゆるSTAP細胞事件が原因である。当初は新しくすばらしい幹細胞として大々的にマスコミをにぎわせたこの細胞が、発表論文結果（iPS細胞よりも簡単に多能性幹細胞を作れる）の再現性を世界中のだれも示せず、論文内容の不正や捏造まで疑われることになって、世界三大科学スキャンダルのひとつとまで酷評されることになった。その間わずか数か月の出来事だった。

私がＳＴＡＰ事件でこの導入部を書きはじめるのは、その内容を解説するためではなく、この間の出来事が、まさに多能性幹細胞の入門書を改めて執筆して、広く正確な理解を広めたいと感じる理由だからである。つまり、ＳＴＡＰ細胞が当初発表されたときに、あたかもまったく新しい夢の細胞出現と喧伝されたこと、それによってＥＳ細胞とｉＰＳ細胞では難しい治療法をこの新細胞で実現できると考えた難病患者の方たちがいた（というよりはそう考えるように論文発表時に宣伝誘導された）こと、そして論文が撤回された後でもＳＴＡＰ細胞が存在するかどうかに関心が集中したこと（ＳＴＡＰ細胞があるかないかで難病治療が可能かどうか決まるなど誤解されたこと）、これらがすべて日本国内における多能性幹細胞への誤解や理解不足を顕著に示している。

私たちは現在、多能性幹細胞（いわゆる万能細胞）という、培養下で無限に近く細胞分裂を続ける長期の増殖能力と多種類細胞への分化能力をあわせもつすばらしい細胞株を、貴重な財産として共有している。すなわち、再生医療や新薬開発におおいに活用できる可能性が高い、特別の能力をもつ多能性幹細胞が発見され、作り出されたことが話の出発点である。このような多能性幹細胞株を作り出す方法としてはいくつかの種類があり、まずは初期胚中に存在するいわば純正品の多能性幹細胞を取り出して増殖を続けさせたＥＳ細胞株、卵や精子という生殖細胞に分化しはじめた細胞を逆戻りさせて作ったEG細胞株（胚性生殖細胞株、Embryonic Germ Cell Line）やmGS細胞株（多能性生殖幹細胞株、multipotent Germline Stem Cell Line）、分化した後の体細胞核を卵子中に移植して初期化させて作るSCNT-ES細胞株（体細胞核移植胚性幹細胞株、Somatic Cell Nuclear Transfer-Embryonic Stem Cell Line）、そして同じく体細胞を数種類の遺伝子（その後の研究でRNA、タンパク質、化合物でも初期化できるという報告が続く）によって初期化したiPS細胞株、といったように、これら作成方法の異なる多能性幹細胞株が存在する。しかしながら、作る方法は違えども、樹立された細胞株は互いに非常に似ており、一部の性質（たとえば遺伝子の働き方を制御するDNAメチル化など）だけが異なることが知られている。

もしこのような多能性幹細胞に関する正確な理解が広く存在したなら、STAP細胞の作成成功の発表は、卵子への核移植（SCNT-ES細胞）や数種類の遺伝子（iPS細胞）による体細胞の初期化方法に、もうひとつの初期化方法ができたということ以上でも以下でもないことが理解されて、まったく新しい夢の細胞という表現は誇張だとわかったはずである。さらに、難病治療のためにいま乗り越えなければならない問題点は、どうやってがん遺伝子などに大きな異常のない比較的安全な多能性幹細胞を大量に生産するか、どうやって細胞移植治療に使うための有用細胞に効率よく安定して分化させることができるか、どうやって安全かつ確実に目的臓器の疾患部分に細胞移植できるかであり、これら全体の安全性と安定性を高め、さらに必要コストを下げて富裕層でなくとも手が届く治療コストを実現することが現在の課題である。つまり、多能性幹細胞株の作成技術というのは、幹細胞を再生医療に応用するために必要な技術が大きく10段階あるとして、その最初の1段階にしかすぎない。しかも残り9段階の技術はどんな種類の多能性幹細胞であってもすべて共通の技術である。したがって、多能性幹細胞を作る新しい方法ができたことは、難病治療の将来展望にプラスになるかもしれないが、当面の治療実現が早まるわけではないのである。

じつは、このような多能性幹細胞の正しい認識が妨げられた原因は、1998年ごろにヒトES細胞の研究がはじまった際の生命倫理問題の誇張と過大認識からはじまり、そのあと2007年にヒトiPS細胞の作成が成功したときに、今回と同じく、まったく新しい夢の幹細胞という誤った理解が広まったことにあり、今回の騒動の遠因にもなっている。もし正しい理解があれば、ES細胞で進められてきた再生医療や新薬開発への活用が、iPS細胞が加わったことにより多能性幹細胞分野全体の活性化につながったはずだ。しかし実際には、ES細胞ではなくそれとはまったく異なるiPS細胞に研究開発を集中すればよい、という誤った政策方針が日本国内では取られることとなった。それと同様の誤りとして、今度はｉＰＳ細胞を超える夢のＳＴＡＰ細胞、というキャッチフレーズが作られることになったのである。

最近インターネット上で目にする、広く国民を巻き込んだ幹細胞についての情報のやり取りで顕著になったのは、ＥＳ／ｉＰＳ細胞など多能性幹細胞についての理解不足というか、大きな誤解である。私は、マウスＥＳ細胞の研究に１９８４年から取り組んで、サルおよびヒトＥＳ細胞株の樹立を２０００年および２００３年に成功させたのち、現在までＥＳ／ｉＰＳ細胞の活用研究を長年続けてきた。そこで、本書を通して国内での誤解を正し、当分野の研究者を代表して多能性幹細胞についての正しい理解を世の中に発信したいと考えて執筆した。本書は入門書ではあるが、基本的で重要な知識と本質的な考え方を多面的に解説するものであり、さらに詳しく調べたい意欲ある読者には、研究の歴史における重要な論文に加え、最新の論文および総説を参考文献として巻末に加えることによって、最新の専門的知識を入手してもらえるように配慮した。

冒頭部分にも述べたが、新しい多能性幹細胞として当初脚光を浴びたものの、その後医学生物学の歴史に残る捏造スキャンダルとなってしまったＳＴＡＰ細胞事件。その論文発表時点から、報道の内容に強い違和感を覚え、報道機関や市民の多能性幹細胞に対する誤解を改める必要があると考えていたが、2014年8月上旬にはSTAP細胞事件で最大の悲劇が起きたことを知り、以前から計画していた本書の執筆に急いで取り掛かった。そのあと草稿を熟読して下さった丸善出版の米田裕美氏から頂いた、詳しく的確な多数のコメントを参考にして、新年になって草稿の改訂作業を進め、ようやく上梓の運びとなった。なお滋賀大学の加納圭氏からも原稿を推敲するうえでの有益なコメントを頂いたことを感謝する。ちょうど世間では、STAP細胞事件の外部委員会による詳しい検証結果が昨年末に発表され、事件を丹念に取材した科学ジャーナリストによる書籍や雑誌特集号が出版されているが、残念ながら事件の核心の多くが隠されたままである。

私自身は、STAP細胞問題を当初はきわめて特殊な事件だと感じていたが、状況が進展するに従って、世の中の期待と注目と予算を集める分野ほど、本来の科学者がもっているはずの、科学的探究の熱意と自律的インテグリティが壊れてしまうリスクが高い時代になったと感じている。しかしながら、だれがどう言おうと、科学技術の発展と、それを可能にした基礎的な学術研究の歴史が、私たち人類の生存と生活の質を高めてきたことは事実であり、現在も今後も、科学と技術の適正で誤りのない発展が、私たち人類に恩恵をもたらす、あるいはそのための手段とオプションを社会に与えることになると信じている。その中でも、医療や環境エネルギーなど人類の生活と幸福に甚大な影響を与える科学技術分野では、当該分野の専門家だけでなく、市民や異分野の専門家が正しく適切な知識と理解をもつことが不可欠である。もし何らかの原因によって、バランスを欠くゆがんだ理解が広まってしまえば、せっかくの科学技術の発展と活用が損なわれてしまう。それを改善するためには、各分野の科学者と専門家が、自己の短期的利害や思惑をできるだけ排除して、広い視野と長期の展望をもち、科学者や専門家としての誇りを堅持して、社会や政策決定者への情報発信と発言を続けるべきと考えている。私自身ができることは小さいかもしれないが、自ら選択した信念による人生をこれからも続けたいと書き記して、導入部分の結びとしたい。

京都にて　中辻　憲夫

2015年5月

目次

第1章　多能性幹細胞の研究の歴史

多能性幹細胞の特徴は、無限に近い増殖能力と多種類の組織細胞へ分化する能力をあわせもっていることである。まずは、このような性質をもつＥＳ細胞発見の前後をつなぐ研究、そして科学の歴史の中で関連する生物学や医学の歴史を振り返りたい（表1）。これを見ると、すばらしい能力をもつ細胞株が生み出されたことは、さまざまな研究者が貢献した歴史的結果であると同時に、やはりきわめて幸運な出来事だったということがわかる。ここで強調したいのは、多能性幹細胞を含めたあらゆる科学研究の発展は、各々の関連分野の研究が発展する中で、複数分野の知識や技術が融合して新たに大きな進展を生み出すことが重要だったことである。多能性幹細胞であるＥＳ細胞やｉＰＳ細胞がどのようにして生み出され、研究と技術開発が進展してきたかを概観すると、分子生物学や細胞生物学、そして発生生物学と生殖生物学の

表1　多能性幹細胞に関連する研究の歴史.

1954年	マウスEC細胞の発見 （L. Stevens, ジャクソン研究所）
1958年	体細胞核移植クローンカエルの作成 （J. Gurdon, オックスフォード大学）
1978年	ヒト体外受精による出産（試験管ベイビー）
1981年	マウスES細胞株の樹立 （M. Evans, ケンブリッジ大学）
1995年	サルES細胞株の樹立 （J. Thomson, ウィスコンシン大学）
1996年	体細胞核移植クローンヒツジの作成 （I. Wilmut, ロスリン研究所）
1998年	体細胞核移植クローンマウスの作成 （若山照彦, 柳町隆造, ハワイ大学）
1998年	ヒトES細胞株の樹立 （J. Thomson, ウィスコンシン大学）
2001年	マウス体細胞・ES細胞融合による初期化 （多田高, 京都大学）
2004～2005年	ヒトSCNT-ES細胞作成の論文捏造事件 （U. Hwang, ソウル大学）
2006年	マウスiPS細胞の作成 （山中伸弥, 京都大学）
2007年	ヒトiPS細胞の作成 （山中伸弥, 京都大学; J. Thomson, ウィスコンシン大学）
2013年	ヒトSCNT-ES細胞の作成成功 （S. Mitalipov, オレゴン健康科学大学）
2014年	マウスSTAP細胞作成の論文捏造事件 （小保方晴子他, 理研CDB）

分野の発展が、多能性幹細胞の研究開発を進めるうえで不可欠な学術的基礎を作り、実際の細胞株樹立を可能にするための技術基盤を作り出したことにより、はじめて可能だったことがわかる（図1）。さらに当然といえば当然ではあるが、医療や新薬開発には、基礎医学である医科学の確実な知識と発展が不可欠であり、それを支えるのは学術的な基礎研究としての生物学の各分野である。このように、基礎研究と応用研究開発が互いに密接に連携しながら発展を続けてきたことにより、今日および将来の医療と新薬開発が可能になる。

きっかけはがん研究

さて、多能性幹細胞が発見される歴史のはじまりはがん研究だった。発がん物質などを科学的に研究するために、実験動物のハツカネズミ（マウス）を使ってがん研究が行われた。動物実験の信頼性を上げるために、マウスでは多種類の近交系統（兄妹交配を続けてゲノムが均一になった系統）が作られたが、その中に各種のがんが頻発するものが発見された。通常は肝臓や大腸など特定の臓器にできるが、精巣に発生するがんの中に多種類の組織が混ざって出現する奇形腫《きけいしゅ》とよばれるがんが見つかり、これを作り出すもとになる幹細胞が、1950年代に米国ジャクソン研究所のリロイ・スティーブンス博士（Leroy Stevens）によって発見されて、EC細胞（Embryonal Carcinoma Cell, 胚性カルシノーマ細胞）とよばれることになる。多能

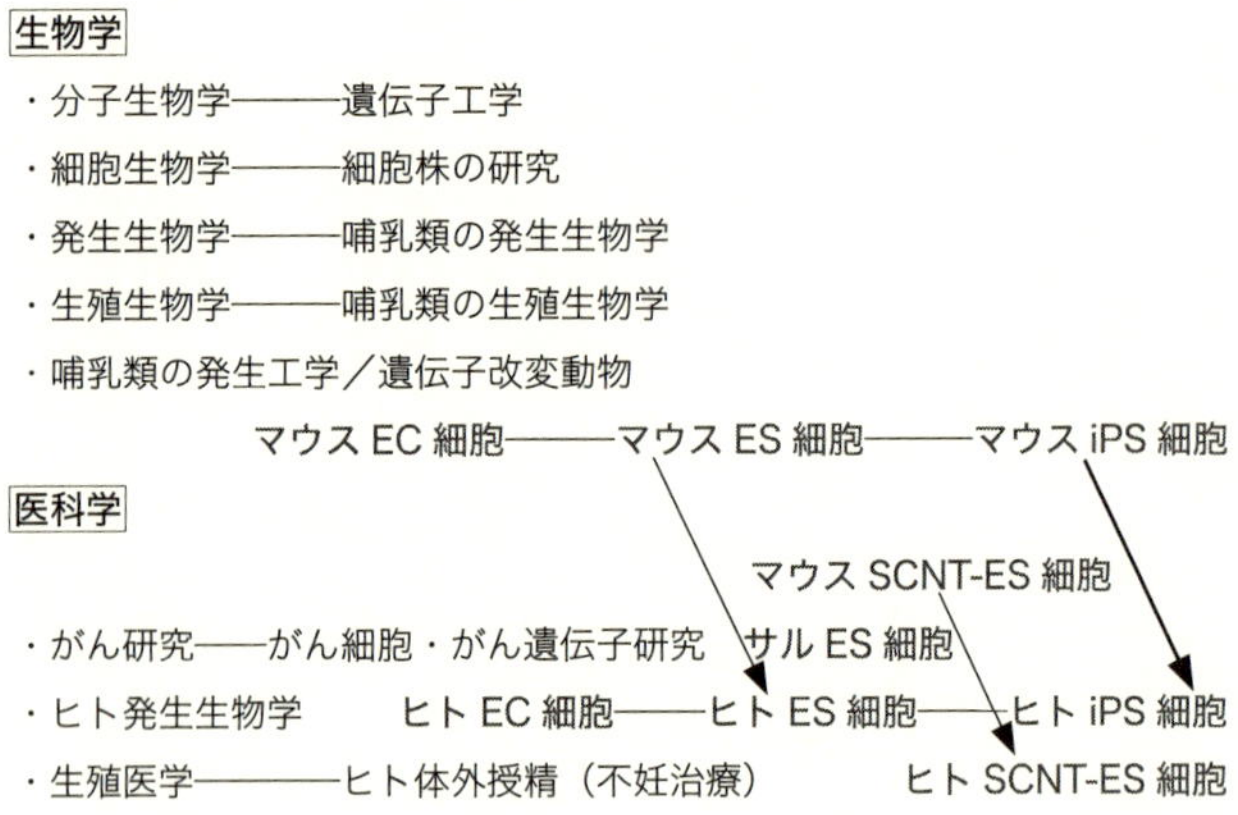

図1　多能性幹細胞に関係する生物学や医科学の関連分野.

性幹細胞という細胞株がはじめて姿を現したのはこのときであった。しかしながら、このEC細胞は悪性がん腫細胞であり、ほとんどの場合は顕著な染色体異常をもつ細胞株であるので、がんの研究対象にとどまった。

ES細胞の誕生

英国ケンブリッジ大学のマーティン・エバンス博士（Martin Evans）は、EC細胞と各種臓器を作り出すもとになる初期胚細胞とに類似点があると考えて、初期胚をマウス体内に移植して奇形腫を作る研究などを行っていたが、1981年に特殊な培養条件を使い、マウスの初期胚からEC細胞に似ているものの染色体は正常であり、がん化しておらず、長期増殖能と多分化能をもつ細胞株を培養器の中で樹立することに成功した。当初はEK細胞（共同研究者のカウフマン博士と自身のイニシャルを使った）と名づけたが、のちにES細胞株（Embyonic Stem Cell Line）と改められた。

私自身は1983年から翌年にかけて、米国留学からの帰国前に、ロンドン大学でマウス発生生物学の中心であったアン・マクラーレン博士（Anne McLaren）の研究室に滞在していた。帰国後の研究テーマを探していたときにマウスES細胞のことを知り、ES細胞を自分の研究テーマとして選んだことが、私の以降の研究人生を決定づけたことになる。

ＥＳ細胞株は無限増殖能と多分化能を備えている。そのため、他の動物種のＥＳ細胞も作ることができれば、各種臓器組織細胞の研究にとって画期的な研究材料となると期待されたが、マウス以外でのＥＳ細胞株の樹立はなかなか成功しなかった。しかしながら、マウスＥＳ細胞の培養に必要な成長因子など条件の解明が進んだこともあり、この突破口を開いたのが、米国ウィスコンシン大学のジェームズ・トムソン博士（James Thomson）が１９９５年に発表したアカゲザルのＥＳ細胞株の樹立成功であった。アカゲザルは実験動物として米国などで使われている旧世界ザルであり、私たちがＥＳ細胞株樹立に用いたカニクイザルおよびニホンザルと同じグループに属している。ヒトに最も近い霊長類はチンパンジーやゴリラなどが属する類人猿だが、彼らはあまりにも人間に近い性質をもつので心理学などの研究以外に動物実験に用いるのは避けることになっている。じつは、マウスＥＳ細胞を培養するための培養液そのままではサルＥＳ細胞を作ることはできず、細胞増殖を促すタンパク質であるｂＦＧＦという成長因子を加える必要があったのである。

サルＥＳ細胞株樹立を成功させたトムソン博士は、次いでヒトＥＳ細胞の作成に挑戦し、不妊治療のために作られた体外受精卵のうち、治療に使われないいわゆる余剰胚の提供を受けて、1998年にヒトES細胞株樹立に成功した。ちょうどこのニュースは、私が国立遺伝学研究所から京都大学再生医科学研究所に異動する準備のために新幹線で京都と三島を往復していたときに、車内のテロップで流れ、ES細胞という言葉がなぜ列車の中で一般向けニュースとして現れるのか不思議だった。そのとき、再生医療の基盤研究推進を目的とする京大再生医科学研究所に着任する予定だった私としては、何か運命的なめぐりあわせを感じたことを記憶している。

ヒトES細胞は人間の受精卵や初期胚から細胞株を樹立することから、科学的だけでなく、社会的、宗教的、生命倫理的な議論の渦中に巻き込まれることになった。しかしながら、この研究が世界各国で進められることになった理由は、その科学的・医学的意義に加えて、体外授精による不妊治療の普及がある。つまり不妊治療によってある意味必然的に多数の余剰胚が長期に凍結保存され、そして廃棄されていることから、インフォームドコンセントの手続きを経てその一部の提供を受ければ、長期増殖するES細胞株を樹立して活用することは、きわめて合理的であるともいえる。思い返せば、体外授精が英国ケンブリッジ大学のロバート・エドワード博士（Robert Edwards）により実施され、1978年にはじめていわゆる試験管ベイビーが生まれたとき、倫理学者やマスコミは大きな非難を浴びせたが、いまでは世界中の不妊症に悩むカップルにとって、この不妊治療が頼みの綱となっている。その体外授精法の普及により、今度はＥＳ細胞研究と応用が可能になったことは、科学と医学の歴史として興味深い。

初期化とｉＰＳ細胞

ＥＳ細胞は、胎児の元になる着床前の初期胚細胞から樹立したある意味純正品の多能性幹細胞株ではあるが、すでに分化した体細胞を初期化して多能性幹細胞株を作ることができれば、患者など体細胞提供者のゲノムをもつ細胞を作ることができて、新薬開発や再生医療に応用できる可能性がある。そのためには、分化後の細胞を初期化することが必要だが、まず成功したのは、体細胞核を卵子の細胞質に注入して初期化する方法である。これを脊椎動物（両生類）の細胞で１９５８年にはじめて成功させたのが、英国オックスフォード大学のジョン・ガードン博士（John Gurdon）である。これを哺乳類でも成功させたのが、英国ロスリン研究所のイアン・ウィルマット博士（Ian Wilmut）らで、１９９６年に体細胞核移植によるクローンヒツジ誕生を発表して世界から注目を浴びた。さらに、動物種特有の技術的困難を乗り越えて、体細胞核移植クローン胚からのクローンマウス誕生を１９９８年に成功させたのは、米国ハワイ大学で研究を行っていた若山照彦博士と柳町隆造博士であり、こうして作ったクローン胚から

ES細胞株の樹立にも成功した。しかしながら、同じ方法をサルやヒトに応用することは技術的に困難だった。この間、2004年から2005年に、韓国では有名なクローンES細胞株の捏造事件が起きた。おそらく最初は実験操作中に取り除いたはずの卵子細胞核で発生を始めた単為発生胚からのES細胞株樹立をクローン胚由来と間違えたのだろうが、そのあとは意図的な偽装論文発表を含む捏造事件に発展した。その後、2013年になって米国オレゴン健康科学大学のシュークラト・ミタリポフ博士（Shoukhrat Mitalipov）らがはじめてヒトクローン胚由来ES細胞株（SCNT-ES細胞株）の樹立に成功した。

卵子への核移植とは別の研究として、体細胞とES細胞を細胞融合させると、体細胞核がES細胞の影響で初期化されることを、2001年に京都大学の多田高博士らが発表した。とはいえ細胞融合すると、2個の細胞核の染色体があわさって4セットの染色体をもつ細胞（4倍体細胞）ができて、通常の2セット染色体をもつ2倍体細胞とは性質が異なるので、応用には制限がある。しかしながらこれもヒントにして、京都大学の山中伸弥博士らはES細胞でとくに強く発現している遺伝子を組み合わせて体細胞に導入すると、初期化が起きて多能性幹細胞株を樹立できることを発見した。彼らはまず2006年にマウスiPS細胞株樹立を発表して、2007年にはヒトiPS細胞株樹立に成功した。それと並行して、ヒトES細胞株を最初に樹立した米国トムソン博士らは、山中博士らによるマウスiPS細胞の論文をもとに独自に工夫を重ね、山中博士らとほぼ同時期にヒトiPS細胞株樹立に成功している。このことは明らかに、培養方法などのES細胞研究に関する知見がiPS細胞の研究開発に直接貢献することを示している。これ以降も、世界各国でヒトiPS細胞の研究と技術開発で大きな成果を挙げている研究グループは、ほとんどすべてヒトES細胞を使った研究開発での経験と成果をもつグループである。実際、細胞株は互いに性質の変動がある場合が多く、ある研究結果や開発された技術が再現性の高い有意義な成果であるかどうかを見極めるためには、ES細胞とiPS細胞それぞれから複数株を使って確かめる必要がある。私たちを含めほとんどすべての世界の研究者はヒトES／iPS細胞の複数株を併用しており、それなしには信頼性が高く確実な研究開発成果を生み出すことはできない。その意味で、生命倫理や社会的理由のためにヒトES細胞研究を阻む政策は、じつはヒトiPS細胞を含めた多能性幹細胞分野全体の進展も阻むことにつながるのである。

現在に至るまで、ヒトES細胞とiPS細胞は互いに比較研究しながら、目的に応じて使い分けるのが望ましいというのが、世界の責任ある研究者のコンセンサスとなっている。すなわち、生物学など多能性幹細胞の基礎研究には初期胚由来の純正品（ゴールドスタンダードともよばれる）であるＥＳ細胞をおもに使った研究が必要である。他方、さまざまな体質をもつ人たちや遺伝的要因の大きな病気の患者の体細胞を初期化して作ったｉＰＳ細胞株は、病気のメカニズムの研究や、さまざまな体質を想定した新薬開発の安全性テストなどに活用される。再生医療への応用に関する世界のコンセンサスとしては、医学的観点からは、まずは品質が安定しており長年のデータ蓄積のあるヒトＥＳ細胞の優良株を使って、細胞増殖と分化誘導と細胞移植試験を行って、治療方法を確立させるべきである。そのあと、社会的理由や免疫拒絶反応を減らすためなどの理由で、現在も引き続き品質の改良が続いているヒトｉＰＳ細胞株を使うことが有利になるかもしれない、と考えられている。いずれにしても、再生医療については、どのような疾患にどれだけ有効な治療法が確立され、どこまで広く実用化されるようになるかは、まだ不透明な点が多い。

第2章
ヒトの発生過程

ここで予備知識として、ヒトの受精卵から初期胚、そして胎児への発生過程の概略を説明する必要がある。受精卵から動物やヒトの個体への発生過程は、受精卵というたったひとつの細胞が細胞分裂を繰り返して、だんだんと各々に異なる役割と機能を果たす特殊化（分化）した多数の細胞が作り出されて、細胞集団としての器官（臓器）やそれを構成する組織が形成される（図2）。ひとりの人間の体を作るこれらの細胞の総数は60兆個程度といわれている。この発生過程は、非常に複雑で緻密でうまく調節された細胞増殖と分化のプロセスであり、長年の発生生物学の研究対象となって、それをコントロールする遺伝子やタンパク質の役割が解明されてきた。1個の受精卵から、外胚葉《はいよう》、中胚葉、内胚葉の各々に分類される臓器や組織を将来作り出すもとになる未熟な細胞が作られて、その細胞集団からさらに特殊化が進んだ多数の細

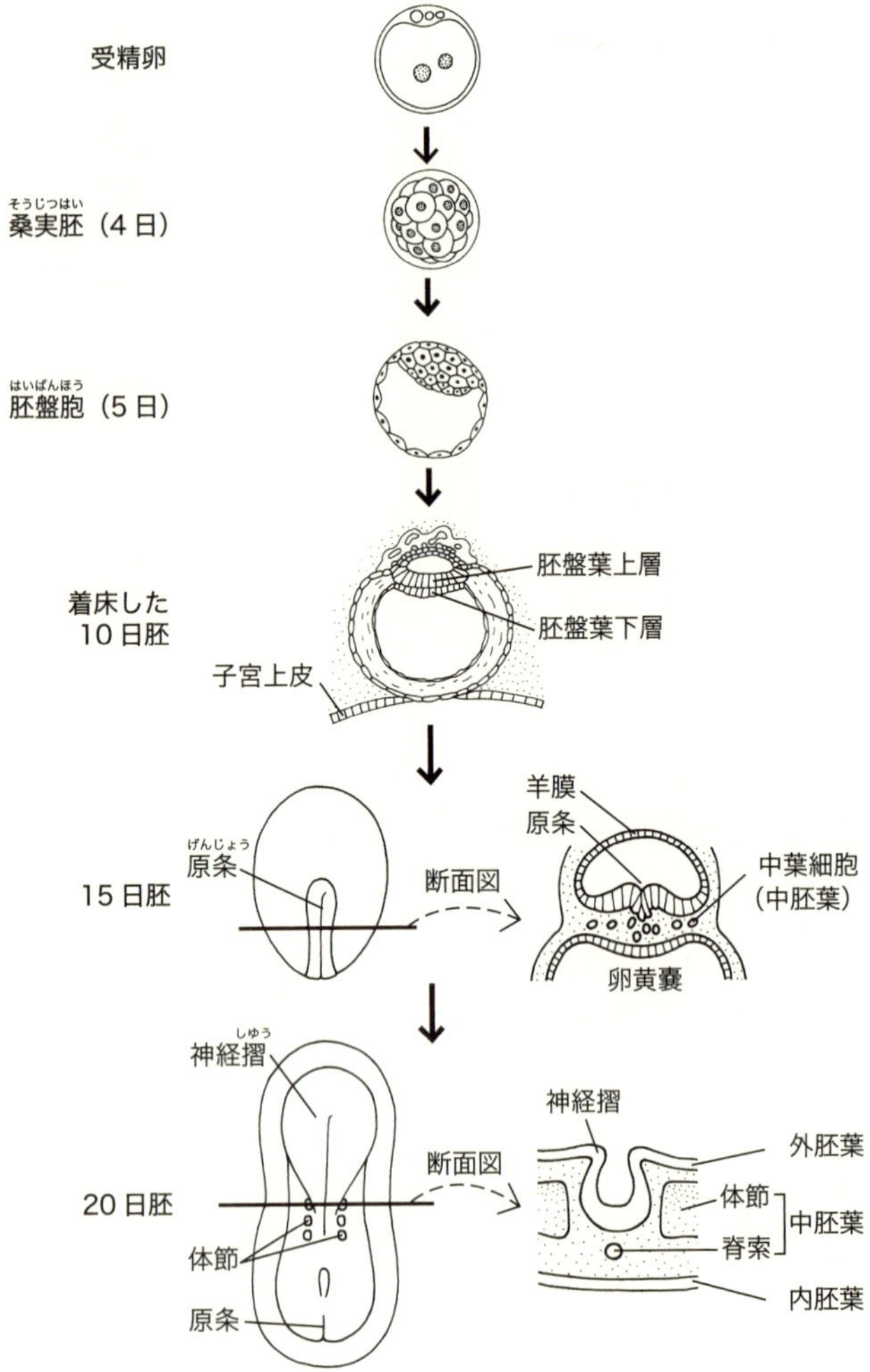

図2　ヒト受精卵から胚盤胞ができて，子宮壁に着床する直後までの発生過程.

胞種が作られて、最後には各臓器と組織を構成する成熟した分化細胞が生まれる。このような細胞分化の道筋は、細胞系譜とよばれて、ほとんどの場合は未分化から分化への一方通行である。例外的に分化細胞が未分化に戻るのは、従来はヒドラやプラナリアなど再生能力の高い下等動物や、挿し木で増やせる可塑性の高い植物に限定されていると考えられていた。その考えを変えさせたのは、脊椎動物に属する両生類でも分化細胞を受精卵に近い状態に引き戻すことができることを示した、英国のガードン博士であった。

ヒトの受精と胚発生

さて人間の発生過程の説明に戻ると、女性の卵巣から通常は月1回、1個（まれに2個）の卵子が成熟して排卵される。卵子は通常の体細胞（5～10ミクロンの大きさ）に比べて非常に大きな細胞質をもつ細胞で、直径約0・1ミリ（100ミクロン）の卵子は、卵巣から卵管内に入り、子宮へ向かって移動中に精子群と出合うと、受精が起きる（図3）。受精卵は卵割《らんかつ》とよばれる細胞分裂を行い、2細胞期、4細胞期、8細胞期を経て、4日後に桑実胚《そうじつはい》、5～7日後には球形の栄養外胚葉細胞層の内側に内部細胞塊《かい》をもつ胚盤胞《はいばんほう》となって子宮内に留まる。このとき、胚盤胞自体や母体の条件が良好な場合には、胚盤胞が子宮壁に密着して着床《ちゃくしょう》する。着床後は、母体からの栄養供給と老廃物処理を担う胎盤《たいばん》が形成され胎児が育つ基盤ができること

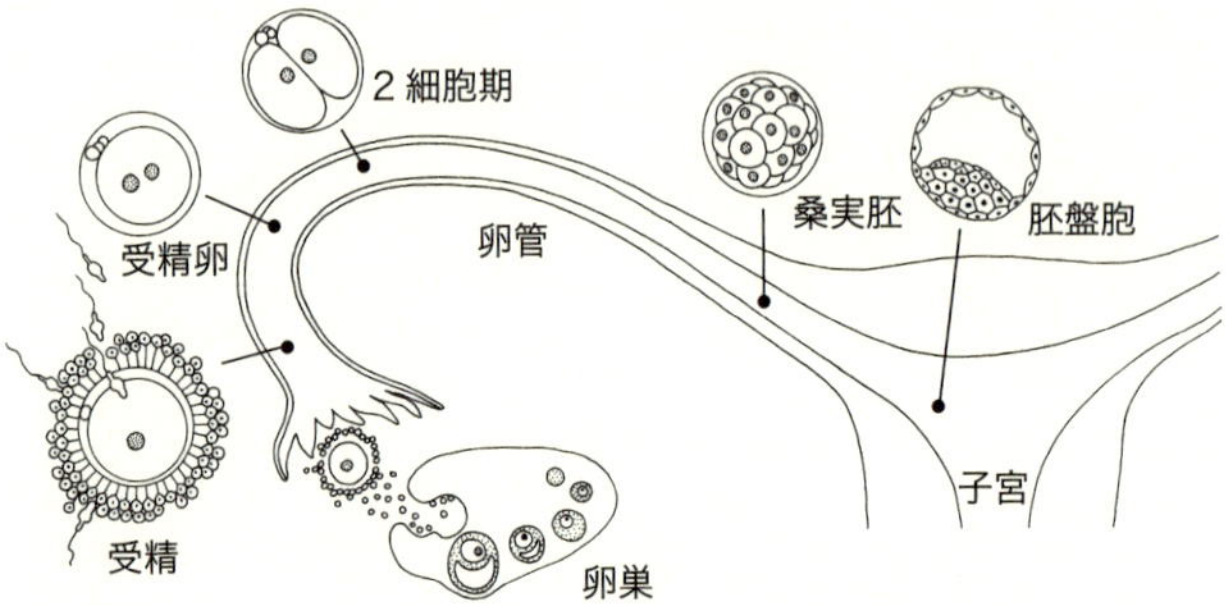

図３　ヒトの卵巣，卵管と子宮，および排卵された卵子の受精と初期胚．

になる。女性が妊娠に気づく頃の受精1か月後には、小さな胎児の体は、前後軸に沿って脳と脊髄およびその他の臓器の基がようやくできた時期である。

哺乳類の胚発生の特徴は、胎盤を通して母体から栄養物の供給を受けるため、卵子自体には卵黄などの栄養蓄積がほとんどないこと、そして、初期胚の発生でまず分化して作られるのは、着床や胎盤づくりに貢献する栄養外胚葉組織などであり、胎児本体の臓器のもとになる細胞（これが多能性幹細胞に相当する）は胚盤胞の内部細胞塊のごく一部の細胞ということである。なお、このような着床準備をいち早く整えながらも、胚盤胞が着床に成功する確率は2分の1以下と考えられている。つまり半分以上の受精卵は静かに消滅していることになる。

なお、体外授精を行う不妊治療においては、女性へのホルモン投与によって一度に10個前後の卵子を卵巣で成熟させ排卵させる過排卵処置を行って、卵子を採取する処置が行われる。これによって、体外培養下で10個程度の受精卵ができる。このような初期胚の培養技術が進歩した最近では、そのまま胚盤胞の段階まで培養下で発生させたのち、そのうち1〜2個を子宮に戻して、着床の成功を待ち、それ以外は凍結保存を行う。最初の子宮移植では着床妊娠が順調に進まない場合は、次の妊娠可能時期が来たときに、凍結胚を2個程度解凍して再度の子宮移植を行い、これを妊娠出産成功まで繰り返すことになる。したがって、着床妊娠が成功して出産に成功した場合に、子宮への移植予定がなくなった凍結胚が残っている場合があり、そのまま液体窒素を継ぎ足して凍結保存を続けるか、どこかの時点でいわゆる余剰胚として廃棄するかの選択がなされることになる。

さて、着床に成功したのちは、胎児の形成と成長に向かって急速な細胞分裂で細胞数を増やすとともに、さまざまな臓器組織細胞を作り出すための細胞分化が起きる。胚のどの部分からどのような種類の細胞や組織が作り出されるかの細胞系譜を図4に示すが、このように、私たちの体を作る脳神経系などの外胚葉、心臓や造血系や腎臓や筋肉などの中胚葉、そして消化管や肝臓などの内胚葉組織臓器が細胞分化の系譜によって作り出される。

ゲノムとエピゲノム

細胞の形や機能は細胞分化によって多様に変化するが、各々の細胞核がもつゲノム（遺伝情報のセット）は保たれる。つまり、染色体を1セットずつもつ卵子核と精子核が合体して、通常の各種体細胞と同じ2セットの遺伝子をもつ2倍体核ができると、それ以降の細胞分裂ではDNA複製が起きて同じゲノムをもつ細胞が作り出される。しかしながら、どの遺伝子がゲノ

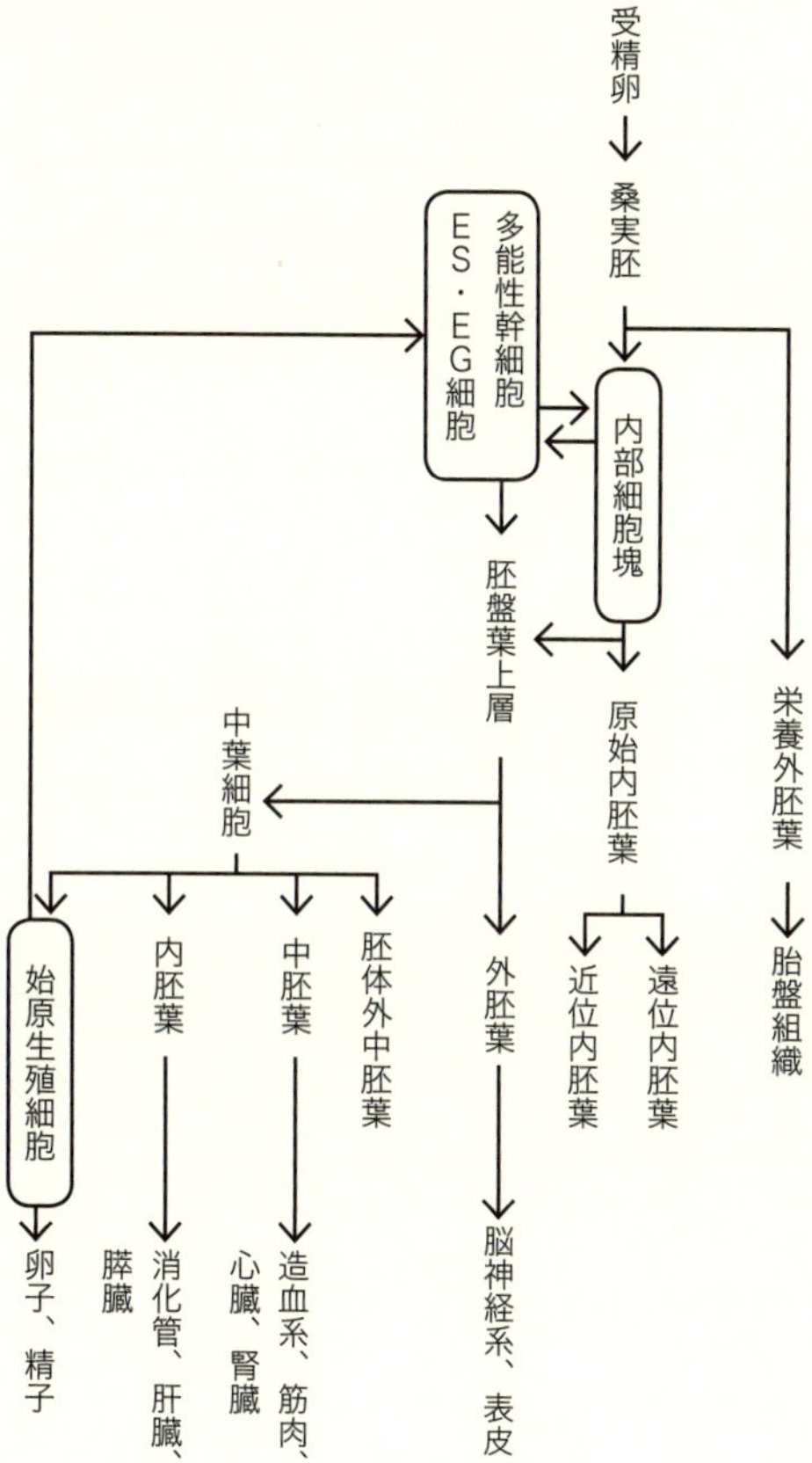

図４　初期胚から胎児への発生における細胞系譜.

ム中で働くかが変化することによって、各々の細胞の種類によって作り出されるタンパク質の組み合わせが異なり、機能の異なる細胞に分化する。このとき重要なのは、DNAメチル化などのDNA分子への化学修飾によって、塩基配列は同じでもゲノムは異なる働き方をしており、細胞分裂を続けてもDNA化学修飾とそれによる働き方のパターンが保存されて、細胞分裂の後の細胞に受け継がれるということである。たとえば神経系を作る元になる細胞集団に分化した場合、それに対応するゲノムの働き方のパターンが刷り込まれる。また、さらに神経系の中でも各種神経やグリア細胞へとさらに細胞分化が進んだ場合、それらの細胞のゲノムは、さらにもっと特殊化するためのパターンが追加で刷り込まれることになる。これをエピゲノム現象とよんでいる。つまり未分化な初期胚細胞や多能性幹細胞からさまざまに特殊化した体細胞が作られるときにエピゲノムが変化して、それが細胞分裂が続いても保存されているために、私たちの体の臓器組織の細胞が突然変化して別の細胞に変換してしまうことは起こらないしくみになっている。

それでは、分化したのちの体細胞が、逆戻りして未分化な多能性幹細胞や受精卵核の状態に初期化することはできるのだろうか？　この問いに対して、過去の生物学では、下等動物や植物などの特殊な場合を除いては不可能と考えられていた。この常識を覆したのは、ガードン博士が脊椎動物の仲間であるカエルを用いて、核を取り除いた卵子に小腸の細胞核を移植したのち胚発生を起こさせると、オタマジャクシやカエルに発生したという実験結果であった。哺乳類でも同じことが起こるとわかって世界が驚いたのは、英国のウィルマット博士らがヒツジで、体細胞を除核卵子に移植して、クローン羊ドリーを誕生させたときだった。そのあと、クローン牛やクローンマウスも誕生した。ただし、詳しくいうと、技術や方法が進歩したとはいえ、仮に家畜やマウスの100個の卵子に核移植してクローン胚を作ったとすると、約半数が胚盤胞にまで成長し、数十パーセントが着床に成功して胎仔形成をはじめるが、無事に出産に至るのは100個のうち1匹か多くても数匹にすぎない。つまり、卵子の細胞質によって細胞核とゲノムを初期化できるとはいえ、やはり一度分化した体細胞のエピゲノムを完全に白紙に戻す初期化は容易ではないということである。

第3章
幹細胞とはどのような細胞か——組織幹細胞の例

幹細胞という言葉は、英語の Stem Cell と対応しているが、木の幹が伸びながら、横に枝が分かれるように、幹細胞は細胞分裂で自己複製して幹細胞自体の数を維持しながら、複数種類の分化した細胞を作り出していく機能を果たす細胞である（図5）。それに対して、単一種類の分化細胞を多数作り出す元になるのは、前駆細胞とよばれ、まず未分化のままで細胞分裂して数を増やしたのちに、各々決まった種類の分化細胞を多数作り出すことができる。

臓器の維持と修復のための幹細胞

幹細胞はもともと、私たちの臓器や組織を作り出したのちは、その維持や修復のために存在していると考えられる。最も早期に研究が進んだ造血幹細胞をはじめ、各々の臓器組織に対応

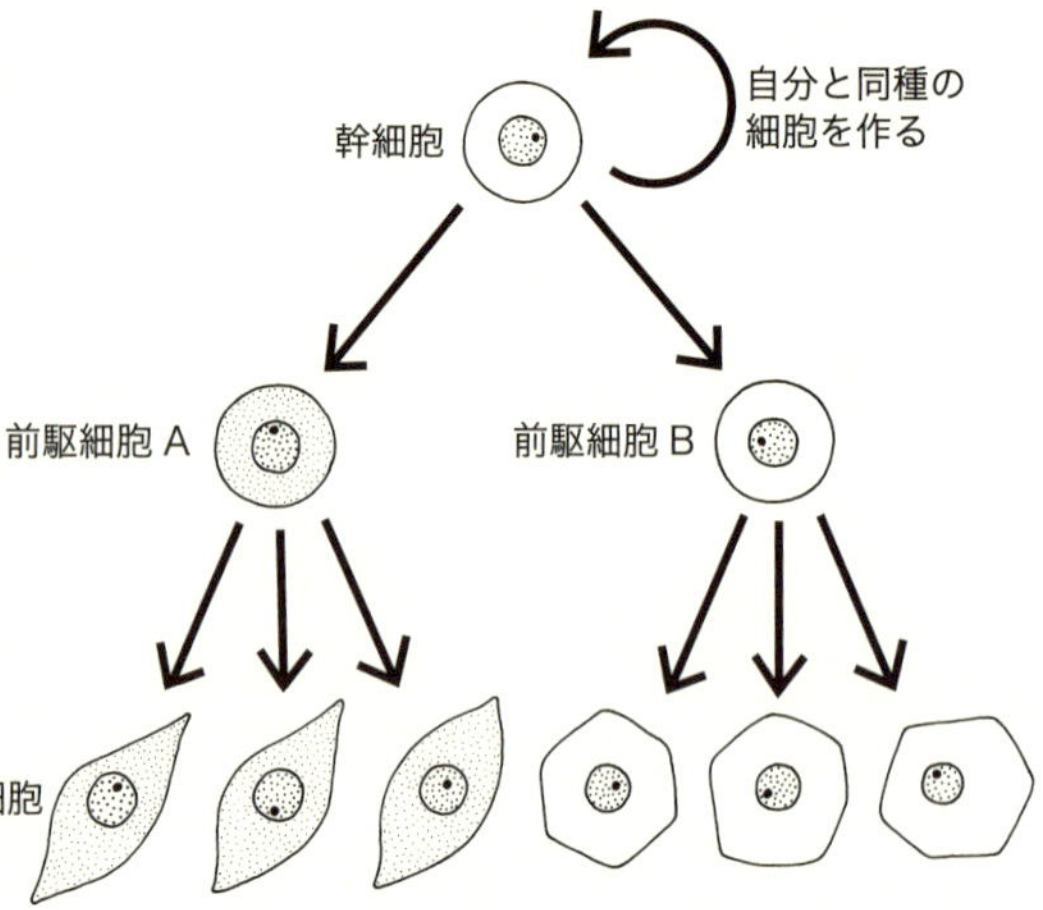

図 5　幹細胞から前駆細胞，そして複数種類の分化細胞への分化過程．

して、脳神経系を作り維持する神経系幹細胞や、表皮や汗腺などを作り維持する表皮幹細胞などが知られており、これらを総称して組織幹細胞あるいは体性幹細胞とよぶ（表2）。これらの組織幹細胞は、作り出すことのできる分化細胞のレパートリーが決まっているだけではなく、細胞分裂で増殖できる程度も限られている。これはある意味当然のことで、臓器組織で補充されるべき細胞数は限定されており、むやみに細胞が増殖しては困るからだ。それが起こると、がんや良性腫瘍という異常事態である。

そもそも多細胞生物では、個体の生存と生殖による次世代作りが目的であり、個々の細胞はそれをサポートするための材料である。したがって、細胞増殖の程度には必ず限界があり、そ

表２　組織幹細胞の種類と特徴.

	由　来	分化能	増殖能
組織幹細胞 Tissue Stem Cell（体性幹細胞 Somatic Stem Cell） 造血幹細胞，神経系幹細胞，間葉系幹細胞など			
（胎児）組織幹細胞	中絶胎児	中	中
（成体）組織幹細胞 （成体幹細胞 Adult Stem Cell）	成　人 （一部は生体から採取可能）	低〜中	低〜中
多能性に近い特性をもつ成体組織幹細胞がこれまでに何回か 発表されているが，確実な再現性の確認が困難な場合が多かった			
	成　人	高?	高?

れを超えて増殖を続けることができるのは、がん化したような異常細胞だけである。このルールは組織幹細胞の場合でも当てはまり、分化細胞よりは増殖能は高いとはいえ、各々限界がある。実際の臓器組織では、必要に応じて、幹細胞や前駆細胞が増殖して必要な種類の分化細胞を必要な数だけ作り出す複雑で緻密な制御のしくみが備わっている。その制御を担っているのは、サイトカインや成長因子とよばれ、細胞から作り出されて分泌されるタンパク質因子である。このような成長因子が複数関係して、たとえば、通常の臓器組織維持の状態から、傷害や出血などの事態に対応して、通常よりも多くの分化細胞を作り出し、事態が正常に戻れば増殖を抑制するようなフィードバック制御が行われている。したがって、幹細胞を培養下で人工的

に培養増殖させようとするときには、これらの成長因子の効果をさまざまに試すことになる。

これらの組織幹細胞を、細胞移植などによる再生医療に利用する場合には、その増殖能の限界が欠点にも利点にもなる。まず一般に高齢者の組織幹細胞は老化によって増殖能が低下していることが多い。それに比べて、子どもや新生児の幹細胞は増殖能が高く、最も増殖能が高いのは胎児由来の幹細胞だといわれている。その一方で、高い増殖能を持たないことは、細胞移植の後で異常増殖やがん化する危険性が低いことになる。また実際に組織幹細胞を取り出して移植する実用化を考えると、患者本人から取り出した幹細胞を利用できれば、最も問題やリスクが少なく免疫拒絶反応も回避できるだろう。しかしながら、病気で臓器組織の働きが低下している当人の幹細胞を使うのはある意味矛盾を含んでおり、実際には困難な場合も多い。その場合には若い他人の幹細胞の提供を受けるか、妊娠中絶胎児由来の幹細胞を利用するなどの可能性があるが、これらについては、臓器や細胞提供のプロセスに社会的・倫理的課題が存在し、必ずしも容易ではない。

造血系と神経系の幹細胞

図6に示すのは、長年にわたり詳しく研究されてきた造血系における幹細胞と前駆細胞およ

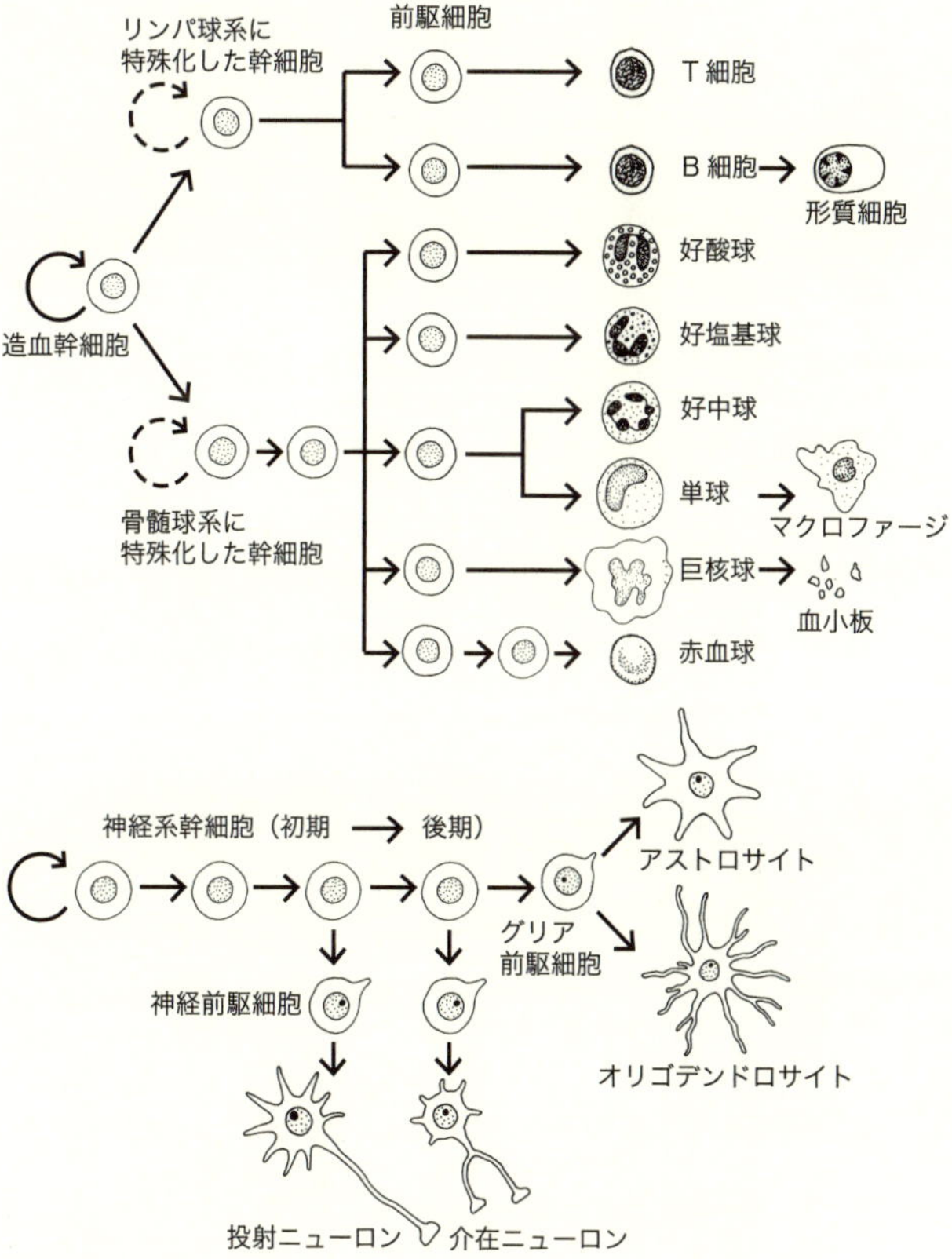

図６　組織幹細胞の例．造血幹細胞（上）と神経系幹細胞（下）．

び分化細胞の例である。成人では造血幹細胞は骨髄の中に存在していて、まずはリンパ球系または骨髄球系の血球細胞を作り出すために特化した2種類の幹細胞、リンパ球系幹細胞と骨髄球系幹細胞に分化する。前者は、T細胞またはB細胞リンパ球の前駆細胞を作り出す。後者は、数種類の白血球前駆細胞、血小板を作る巨核球、そして赤血球の前駆細胞を作り出す。これら多種類の血球細胞を経常的に必要数だけ補充生産し、出血時などには特別に多く生産するためのしくみはうまくできている。造血幹細胞自体はあまり多数存在せず増殖の程度も限られているが、造血組織に常駐している前駆細胞が必要なときに急速に細胞増殖することにより、必要な血液細胞数を遅れることなく生産供給しているのだ。

つまり通常状態では、リンパ球や赤血球など各々の血液細胞には、体内を循環しながら各々の耐用期限があり、それが過ぎると脾臓などで処理されることになる。したがって、通常ではこれらを補充するだけの血液細胞を作り出すために、幹細胞は自己増殖をしながら前駆細胞を作り出している。しかし、出血や貧血の状態になると、成長因子などを経由した増殖促進シグナルが出され、まずは前駆細胞が急速に増殖して分化した血球細胞を生産するとともに、幹細胞も増殖を開始して前駆細胞を補充することになる。いずれにしても、造血幹細胞の増殖能が限定されているということこそ、再生医療や細胞治療のために、培養下で人工的に増殖させることがいまだに容易でない理由である。

図6に示したもうひとつの組織幹細胞は、神経系幹細胞とそれから分化する各種の神経細胞(=ニューロン)、およびアストロサイトとオリゴデンドロサイトというグリア細胞への細胞系譜である。胎児の神経系発生の早期には、比較的大型の神経細胞である投射ニューロンが神経系幹細胞から分化して、それに続いて小型の神経細胞である介在ニューロンが作り出される。さらに後期にはグリア細胞が分化してくるが、おもな分類としてはアストロサイトと神経軸索を取り巻いて保護するオリゴデンドロサイトの2種類がある。この図は細胞系譜を非常に簡略化して示しており、実際には、脳神経系の前後軸や背腹軸に沿って、多種類の神経細胞が分化して生まれ、脳と脊髄の各々の場所に移動して複雑な神経ネットワークを作ることになる。なお、胎児期には多数の神経細胞が生まれる一方、大人になると新しい神経細胞は作り出されないと考えられていたが、近年では記憶や嗅覚を担当する脳領域では成人でも新しい神経細胞が補充されることが明らかになっている。

このような組織幹細胞による再生医療はまだ黎明期であるが、その中でも治療法が確立して実際に行われているのが、白血病などにおける造血幹細胞の移植治療である。実際には骨髄の中に存在する造血幹細胞だけを選んで取り出して移植するのではなく、幹細胞を含む骨髄組織ごと取り出して移植している。白血病は造血系のどこかの幹細胞や前駆細胞が異常増殖を続ける状態の悪性腫瘍（＝がん）であり、そのままでは患者は死亡する。そこで、細胞分裂をさかんに行っている細胞はガンマ線などの放射線によるＤＮＡ損傷で細胞死が起きやすいことを利用して、がん化した細胞を放射線照射で死滅させる治療法がある。しかしながら、このとき造血幹細胞も死滅するので、がん細胞は殺せるものの、そのままでは患者も貧血で死亡してしまう。そこで、他人から造血幹細胞を含む骨髄組織を取り出し、それを患者の骨髄に注入することによって、生存に必要な血液細胞の生産システムを回復させるのが、骨髄移植による治療である。ある専門家によれば、このような白血病治療は子どもの場合には治癒率が高いが、造血幹細胞が移植後に定着するかどうか不明なこと、生き残っていた白血病がん細胞が再発を起こす可能性があることなどのリスク要因があり、成人を含めた全体の治癒率は約半分であるという。したがって、幹細胞移植による再生医療が夢の治療法となれるかどうか現時点ではまだ不明で、これまで有効な治療法がなかった一部の病気の患者のうち、さらに一部の人たちを治癒できるだけに留まるかもしれない。

第4章
多能性幹細胞とはどのような細胞か

前章では、組織幹細胞を例にして幹細胞とは何かについて説明した。多細胞生物の細胞は本来、細胞分裂によって増殖できる上限があり、たとえば一般的な細胞の場合は1か月間で数千倍に増殖したのち老化して増殖できなくなり、それを超えて増殖を再開する細胞が稀に出現しても、異常ながん化した細胞となっていることがほとんどである。しかしながら、本書の主役である多能性幹細胞は、生存増殖に適した培養液の中では比較的速い速度で細胞分裂を続けてほぼ無限の増殖能力をもつので、ひとつの培養皿で増えたのち、それを数枚の培養皿に分割する、または大部分を凍結保存して一部分だけ培養を続ける継代操作を繰り返すことで、長期間増殖を続ける細胞株として樹立できる。たとえばヒトES細胞株の場合は、毎日1回以上の細胞分裂を行うので、2日後には4倍、1週間後には（継代時のロスを考慮に入れて）10倍程度に増やすことができる。したがって、4週間後には10の4乗で1万倍、1年間は52週なので10の52乗（1000……000, ゼロが52個続く）倍に増やすことが理論的にはできるはずである。実際には大部分を随時凍結保存することになる。この10の52乗というのは、じつに地球上に存在するすべての人間の細胞総数をはるかに超えた数であり、これを1株のＥＳ細胞株だけで1年以内に作り出すことができるというのは、理論上とはいえ、驚異的な増殖能力である。

しかし増殖能力が高いだけでは、あまり役立たない未分化細胞を大量に生産できるだけである。ところが、多能性幹細胞は全身の臓器組織を構成する多種類細胞に分化する元になる幹細胞であることから、培養下で適切な分化誘導条件を与えれば、医療や創薬などで必要とされる心筋細胞や肝細胞や神経細胞など、多種類の細胞に分化させることができる。これを多分化能とよぶ。すなわち、無限増殖能と多分化能をあわせもつことによって、多能性幹細胞は未分化細胞として大量に増殖させたのちに、目的に応じて分化させれば必要な細胞を大量生産することが可能になった。そもそもＥＳ細胞の出現までは、異常ながん細胞でもない正常に近い人間の各種体細胞を入手するには、人間の体から提供を受けるしかなかったし、それに伴って提供数が限られ、また提供者の多様性を反映して不均一でもあった。これは新薬開発における安全性テストなどの活用における問題点ではあったが、他に入手方法がなかったことから、死亡者の肝臓などの提供に頼らざるを得なかった。このような問題を画期的に解決して、新薬開発の信頼性を高めコストを削減する活用法が、多能性幹細胞の最も確実な応用分野である。

多能性幹細胞の種類と由来

さて、多能性幹細胞株の樹立方法としては、これまで数種類の異なる方法が知られている（表3）。すなわち、胚盤胞の内部細胞塊のさらに一部に存在する将来の臓器を作る元になる細胞を取り出して培養し、通常は胚発生の次の段階へ変化していくところを、成長因子を含む特有の培養液で培養することにより、多能性幹細胞の状態を維持しながら増殖を続けさせることによって、マウス（図7）では最初に1981年、ヒト（図8）では1998年に樹立に成功したのが、ES細胞株である。したがって、これは自然界に存在する状態に最も近い多能性幹細胞で、純正品ともゴールドスタンダードともよぶことができる。

通常のES細胞株を樹立するには胚盤胞の内部細胞塊を取り出して出発点とするが、米国のバイオテク企業が開発した樹立方法は、桑実胚までの時期に細胞1個を取り出して、それからES細胞株を樹立する方法である。これは着床前診断法と同じ胚操作であり、胎児の発生には影響しないことが知られている。したがって、こうして樹立されたES細胞株は、「受精卵を

表3　多能性幹細胞（Pluripotent Stem Cell）の種類と特徴.

種　類	特　徴
ES 細胞（胚性幹細胞） [Embryonic Stem Cell]	初期胚由来
割球由来 ES 細胞	着床前診断法で分離した胚細胞由来の ES 細胞株．胚は正常発生可能なので「受精卵を壊さない ES 細胞」
EG 細胞 [Embryonic Germ Cell]	胎児の始原生殖細胞由来
mGS 細胞 [Multipotent Germ Stem Cell]	精巣内の精子幹細胞由来
iPS 細胞 [Induced Pluripotent Stem Cell]	体細胞を遺伝子等初期化因子で初期化した細胞株 （iPS 細胞への初期化方法の改良は進展中：新規遺伝子組み合わせ，染色体組み込みのないエピゾーム遺伝子，mRNA，タンパク質，低分子化合物など）
体細胞核移植（クローン）ES 細胞 [SCNT-ES Cell]	体細胞核を卵子細胞質で初期化
PG-ES 細胞 [Parthenogenic ES Cell]	卵子を単為発生させ作成，染色体は 1 倍体が倍加して 2 倍体

ナイーブ型多能性幹細胞 [Naïve Pluripotent Stem Cell]	マウス ES 細胞株，マウス iPS 細胞株がこのタイプに属する
プライム型（エピブラスト型）多能性幹細胞 [Primed Pluripotent Stem Cell]	ヒト・サル ES 細胞株，ヒト・サル iPS 細胞株，マウスエピブラスト幹細胞株がこのタイプに属する

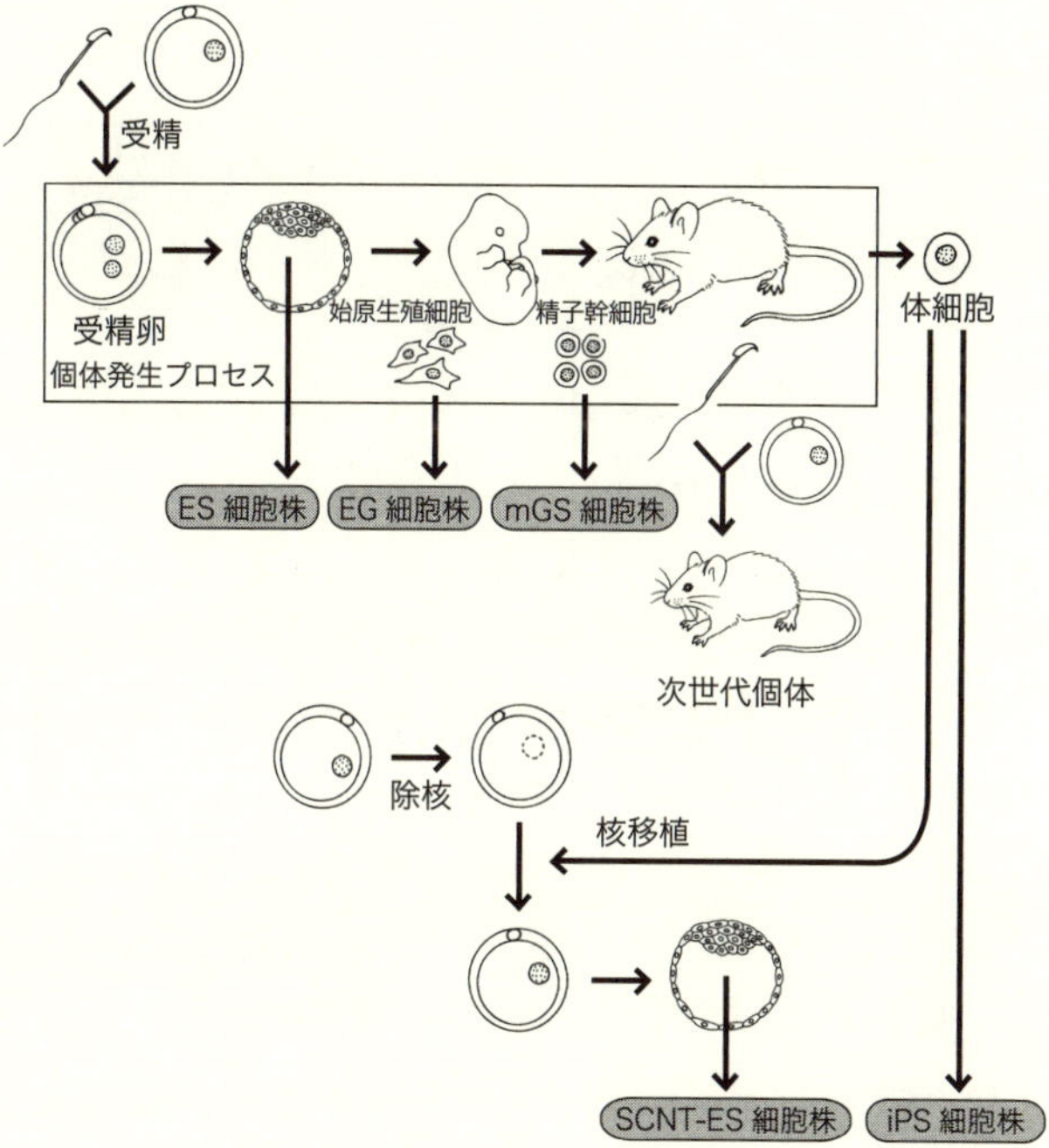

図 7　マウスにおける多能性幹細胞の種類と発生過程との関係.

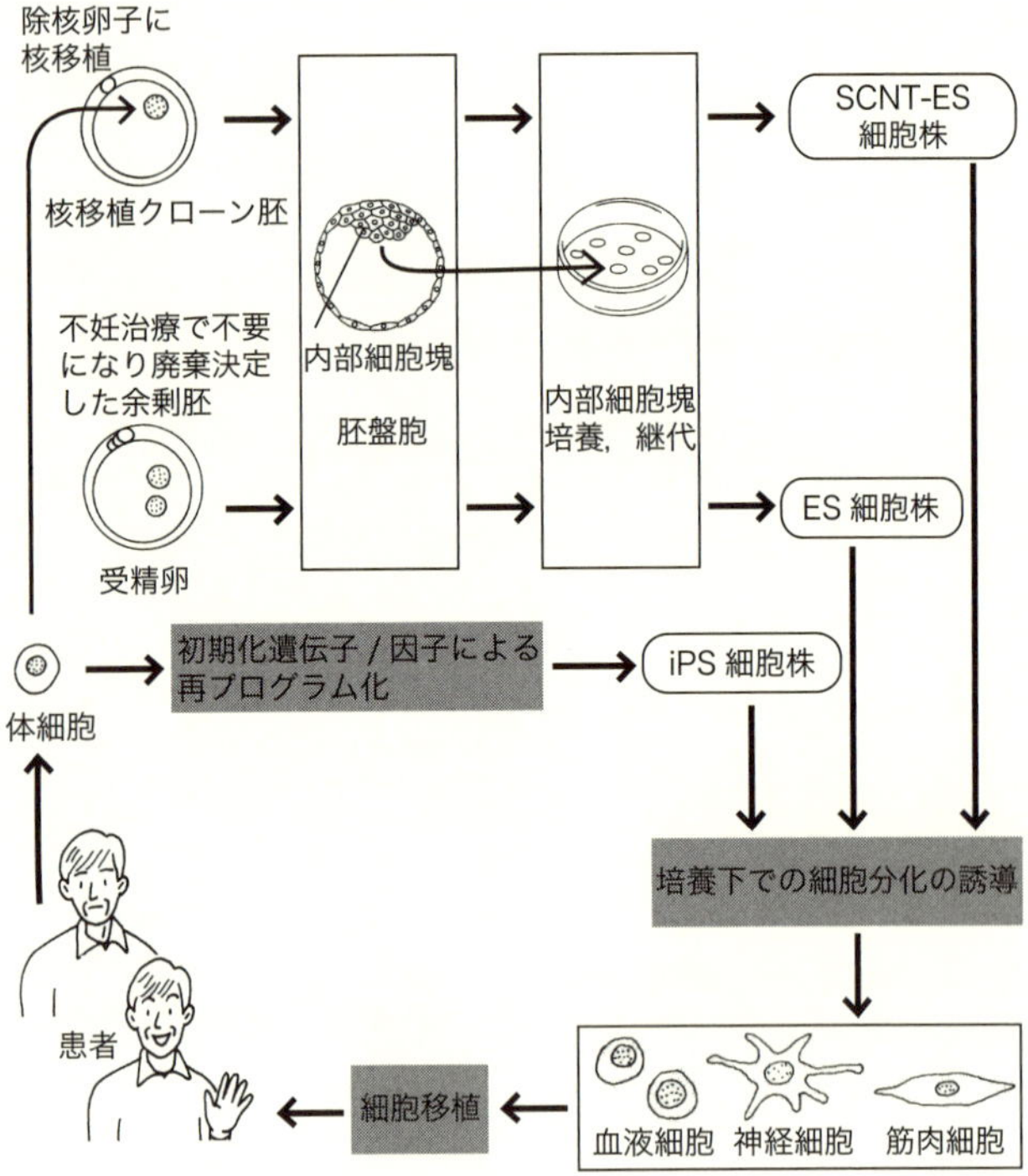

図８　ヒトの初期発生過程と体外受精，ES 細胞，iPS細胞と SCNT-ES 細胞との関係．

壊していないES細胞株」なので、バイオテク企業などでは将来の商業的活用を目指している。

その後、着床後の早期胎仔の中で将来の生殖細胞への分化をはじめた始原生殖細胞とよばれる細胞を培養して、培養液中の成長因子などを工夫することによって、多能性幹細胞の状態に逆戻りした状態の細胞株を樹立することに、1992年当時は米国のバンダービルド大学で研究していた現東北大学の松居靖久博士らがマウスを使って成功し、EG細胞と名づけられた。さらに2004年には、精巣の中にある精子の前駆細胞をやはり特有の培養液を工夫して培養することによって、多能性幹細胞であるマウスmGS細胞が得られることが京都大学の篠原隆司博士らによって発見された。これらの細胞は長期増殖能と多分化能をもつが、エピゲノムの状態が雌または雄生殖細胞に近い特有の状態になっており、通常の体細胞とは異なることが知られている。もう少し説明すると、そもそも哺乳類のゲノムでは、雌雄生殖細胞の染色体にはエピゲノムパターンの違い、およびそれが原因となる遺伝子発現パターンの違いがあり、ゲノム刷り込み現象とよばれている。つまり、通常の個体では片方の染色体セットが母親の卵子由来の雌型ゲノム刷り込みを受けていて、他方のセットが父親の精子由来の雄型ゲノム刷り込みを受けていて、この両者が一緒になってはじめて正常な個体が誕生することができる。ところが、ＥＧ細胞やｍＧＳ細胞の染色体セットは両方ともに、雌または雄のゲノム刷り込みに近いエピゲノム状態になっているので、通常の体細胞とは異なる遺伝子発現パターンを示すことになる。

初期化による多能性幹細胞

次の大きな発展があったのは、いったん分化した多種類の体細胞を初期化することによって多能性幹細胞を作ることが可能になったときである。この初期化方法として、まず試されたのは卵子細胞質による初期化であり、具体的には体細胞核を除核卵子中に顕微注入してクローン胚を作り、これが胚盤胞にまで発生したときに、ＥＳ細胞株を樹立する方法である。この体細胞核移植クローンＥＳ細胞株（ＳＣＮＴ-ＥＳ細胞株）の樹立はマウスでは早期に成功したが、ヒトではようやく最近になって、間違いのないヒトＳＣＮＴ-ＥＳ細胞株の樹立に米国など複数の研究チームの研究者が成功したので、現在はこれらの細胞株とＥＳ細胞株やｉＰＳ細胞株との比較研究が行われている（図８）。

卵子中に初期化を起こす因子があるとしても、その原因因子を見つけるのは、実験材料としての卵子を大量に入手できないなどの困難が伴うが、卵子ではなくＥＳ細胞を体細胞と細胞融合させると、体細胞核が初期化されることが発見されて、遺伝子発現などの解析に使いやすい材料であるES細胞にも初期化を引き起こす因子が存在することがわかった。

この研究成果がひとつのヒントになり、ES細胞で強く発現している遺伝子群の中から24種類の遺伝子を選んで、初期化を起こせるかどうかを試みた京都大学の山中伸弥博士による研究につながり、マウスやヒトの体細胞をわずか4種類の遺伝子を働かせることによって初期化したiPS細胞株を樹立することに成功した。これによって、多能性幹細胞の中でも作成と利用が容易な細胞株として、iPS細胞株が広く使われるようになったのである。

その後の詳細な研究では、このような初期化方法ではエピゲノムは分化細胞の状態から完全には初期胚由来のES細胞の状態には逆戻りしていないことが明らかになっている。現状は、SCNT-ES細胞株とiPS細胞株との間で初期化の不完全さの違いについて比較研究が行われ、ES細胞株が比較対照の標準として使われている。今後は、iPS細胞株を作るための初期化方法の改良と、残存するエピゲノム状態の異常が再生医療などへの応用にどの程度の妨げになるか、検討が行われることになる。

ナイーブ型とプライム型

もうひとつ多能性幹細胞に関する最近の研究トピックを紹介したい。以前から、マウスES細胞に比べると、サルやヒトのES細胞はよく似た多能性幹細胞とはいえ、いくつかの相違点があることがわかっていた。まず細胞増殖を続けさせるための成長因子であるが、マウスES細胞ではLIF（白血病抑制因子）と名づけられた成長因子を培養液へ添加することが重要である。しかしながら、LIFはサルやヒトのES細胞では増殖促進効果はまったくなく、bFGF（塩基性繊維芽細胞増殖因子）の添加が多能性幹細胞株の樹立と維持に不可欠だった。それに加えて、細胞が増殖して集団コロニーを作るときの形態や、酵素処理による単細胞への解離処理に対する脆弱さにも違いがある。その後の研究によって、培養条件を工夫すると、マウスでもサルやヒトのES細胞に似た性質の多能性幹細胞株を樹立できることが発見された。このマウスES細胞は胚盤胞の発生が進んでできてくる胎児の臓器を作る元になるエピブラストとよばれる細胞層の性質に近いことが解明されて、EpiStem細胞とよばれたり、発生が少し進んだ状態であることからプライム型（Primed）ES細胞とよばれている。それに対して、本来のマウスES細胞はナイーブ型（Naïve）ES細胞とよばれるようになった。そうなると、もしヒトのナイーブ型ES細胞株やiPS細胞株を樹立して安定に増殖させることができると、増殖が速くて脆弱性が少ないというマウスES細胞の有利な点をもつヒト多能性幹細胞株を活用できるかもしれないと期待される。最近になって世界の複数の研究グループから、培養液成分を工夫することによって、ナイーブ型のヒトＥＳ細胞株やｉＰＳ細胞株を樹立して維持できるという発表がなされているが、はたして実用に耐えるほど再現性の高い安定な細胞株を作成できるかどうかはまだ確定していない状況である。

京都大学のヒトＥＳ細胞株樹立プロジェクト

さて私たちの研究室では、マウスＥＳ細胞株の樹立や利用研究を１９８４年頃から長年行ってきたことに加えて、２００１年にはカニクイザルＥＳ細胞株の樹立に成功して発表した。これが契機となって、私が京都大学再生医科学研究所に着任したのち、国内でヒトＥＳ細胞株の樹立と研究者への分配を行う研究事業を引き受けることになり、ＥＳ細胞株の樹立を実際に行った末盛博文博士をはじめ、多くの方々の協力によって、幸いにも２００３年までには厳しい政府指針を順守しながら、成功することができた（図９）。

ヒトＥＳ細胞株の樹立にはヒト胚盤胞の内部細胞塊を出発点の細胞として使う必要があるが、ヒト胚の研究利用には生命倫理的および社会的な問題が伴う。しかしながら、私たちが引き受ける決心をしたのは、すでに広く行われている不妊治療の必然的な結果として、多数の余

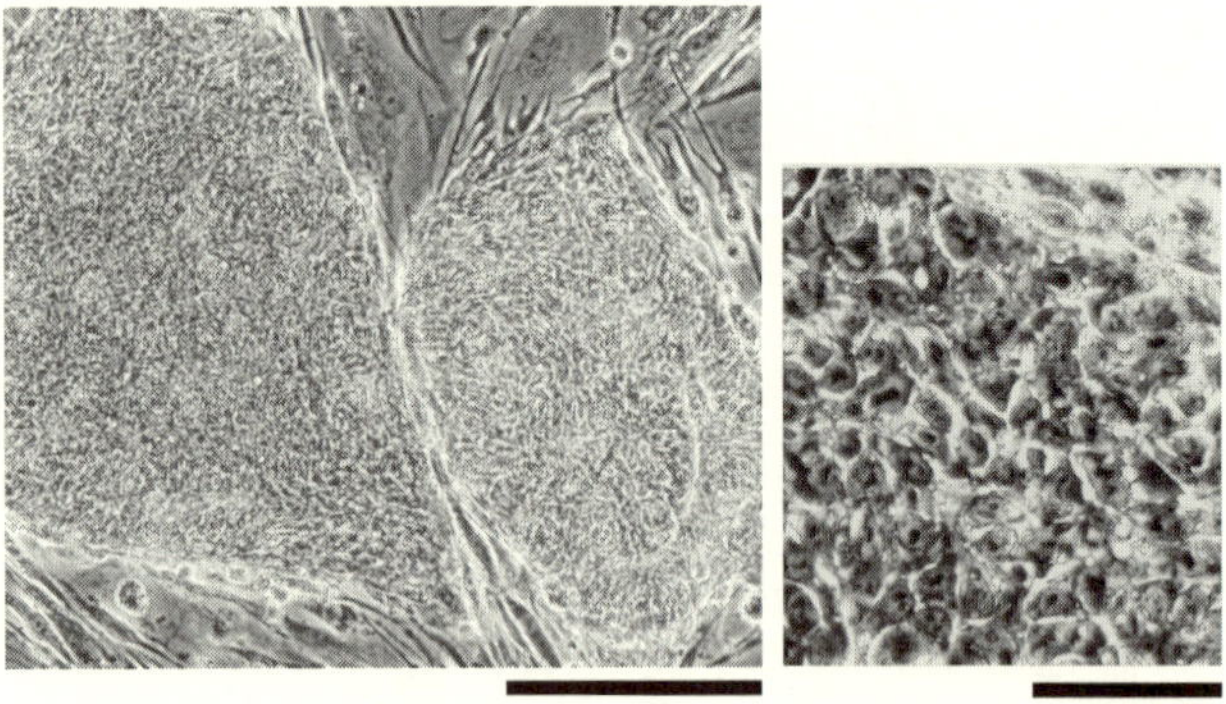

図9　2003年5月に，国内ではじめて樹立されたヒト ES 細胞株（KhES-1株）．

剰胚が世の中に存在することであった。すなわち不妊治療のために体外授精で作られたが、不妊治療への使用予定がなくなった凍結保存胚で、不妊治療患者の意思によって廃棄が決定された余剰胚が多数存在して、おそらく毎年数万個程度が廃棄されている。このような、廃棄される予定の余剰胚を提供して頂いてＥＳ細胞株を樹立すれば、無限増殖することから長期間研究応用に利用できることになる。もし仮に何らかの理由で不妊治療の余剰胚が存在しなかったとしたら、おそらく私たちも世界の多くの研究者たちも、ヒトＥＳ細胞株の樹立に取り組まなかっただろう。

実際のヒトＥＳ細胞株の樹立プロセスは、提供者への打診からはじまる。すべて樹立研究機関と政府の倫理委員会で承認された計画に沿って行うのだが、凍結保存されている余剰胚の廃棄を決めた夫婦に対して、不妊治療機関を通して、ＥＳ細胞研究に胚を提供していただく可能性について説明させてほしいと打診する。このあと、いわゆるインフォームドコンセントによって凍結胚の無償提供に同意して頂いた夫婦から提供を受け、匿名化した凍結胚について、解凍後にＥＳ細胞株樹立に用いる。10年以上前の状況では、提供してもらった余剰胚は、不妊治療で最後まで残された凍結胚ということもあり、壊れた細胞が多いなど状態のよくない胚が多かったが、マウスおよびサルＥＳ細胞株の樹立経験が豊富な末盛博士の努力により、かなり効率よく、つまり10個の余剰胚から数株程度の成功率で、ＥＳ細胞株の樹立に成功した。これを数か月以上継代培養したのち、染色体が正常状態を保っているかどうか（図10）、多能性幹細胞であることを示すマーカー遺伝子が発現しているかどうかなどを詳しく解析したのち、２００３年に論文を発表し、その後は政府指針に従って他の研究機関への無償分配事業を行った。これまでに50以上の研究グループに分配して多数の論文が発表されている。

念のため付け加えると、ｉＰＳ細胞の研究が進んでいる現在でも、ＥＳ細胞を使った研究は必要不可欠である。のちに詳しく説明するが、たとえば少なくとも、多能性幹細胞の純正品であるＥＳ細胞での実験データを得てｉＰＳ細胞株との比較研究の必要がある場合が多いことから、私たちのＥＳ細胞株は引き続き重要な研究材料としての役割を果たし続けている。現在ま

KhES-1

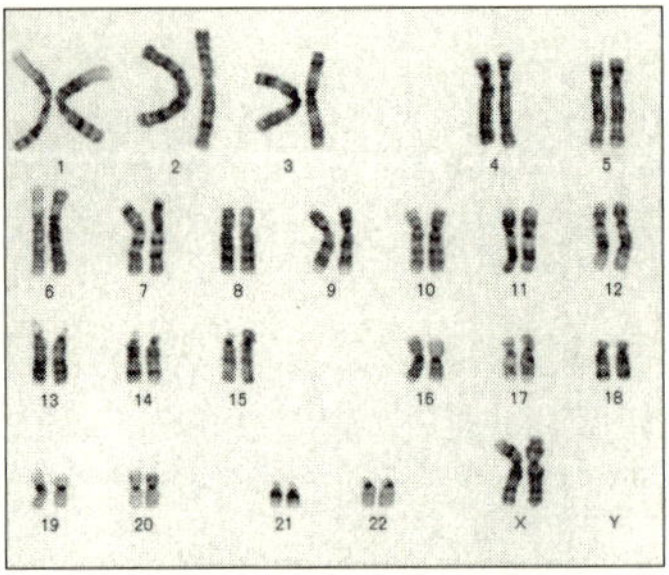

KhES-2

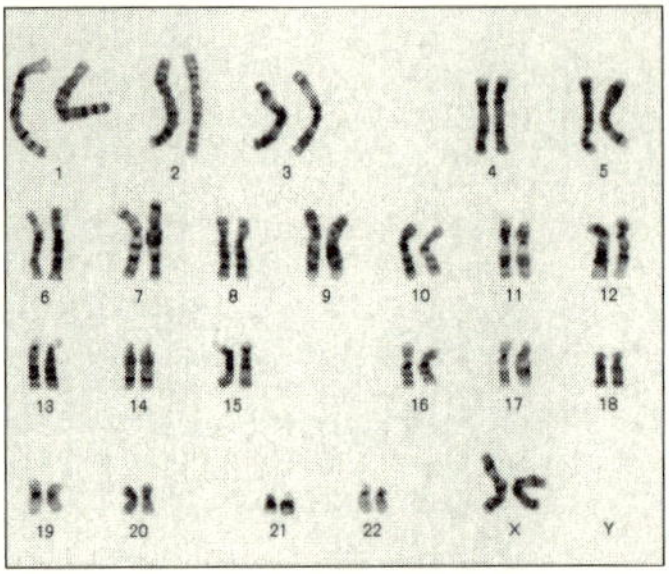

KhES-3

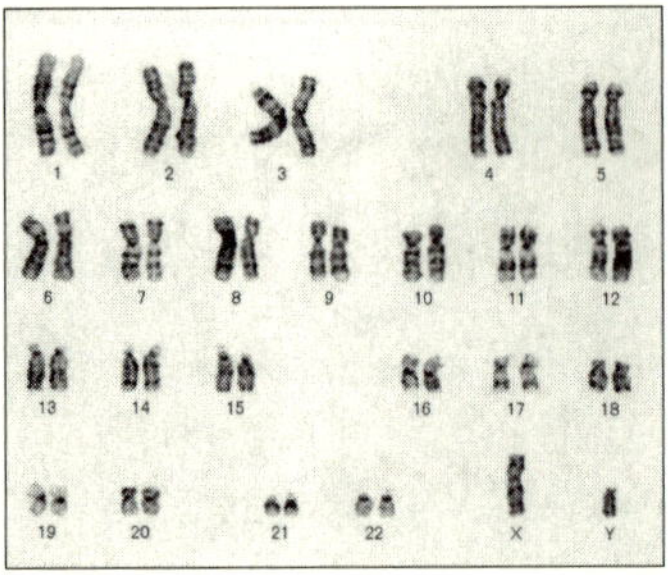

図 10　最適な方法で継代培養すれば，ヒト ES 細胞株は 1 年以上の長期間，正常染色体型を維持して増殖させることが可能．京都大学で樹立した KhES-1～3株の染色体検査の図．

でに合計5株、KhES-1からKhES-5までの5株を樹立して、これらは国際的な比較研究などに使われて、大半の株は安定した良質のヒトES細胞株としての評価が定まっている。

ちなみに、末盛博士らが開発したサルおよびヒト多能性幹細胞の培養方法はマウスES細胞とは異なるところがあり、多くの研究者に利用してもらうために、大学発ベンチャー企業に知的財産のライセンス契約を結び、培養液等の販売を行ってもらった。じつは、この培養液を山中伸弥博士が利用してヒトiPS細胞株樹立に成功したことを見ても、私たちが世界の最先端で研究開発してきたヒトES細胞に関する知見が、iPS細胞の研究開発で活用されていることを指摘したい。

多能性幹細胞の有用性と課題

改めて強調すると、多能性幹細胞株の特徴は、がん化などを起こさない正常な細胞のままで無制限に細胞増殖を続けることと、ほぼすべての臓器組織の細胞に分化できることである。前者については、近年の研究で細胞株としての培養を続けることによってやはりゲノムには突然変異が蓄積することがわかってきた。細胞株の間でも性質の違いがあり、安定した細胞株と、染色体異常など大規模な変異を起こしやすい細胞株がある。また、培養条件が最適でない場合には、とくに変異が起きやすい。このようなゲノム変異がリスクになるのは、増殖しやすい性質というのが、がん化のプロセスで起きる変異と共通していることであり、実際にがん遺伝子のコピー数増加やがん抑制遺伝子の欠損も発見されている。

とはいえ、やはり多能性幹細胞には他の体細胞や組織幹細胞とは比べものにならない格段に有利な能力がある。迅速な細胞増殖を続けさせることによって大量の幹細胞を作ったのちに、目的の体細胞へと分化させることによって、細胞治療や新薬開発のために活用することができるからだ。つまり、均一なゲノムをもつ品質の整った正常に近い各種有用細胞を、必要な数だけ無制限に生産供給できることは、安定で品質管理の行き届いた細胞供給による細胞治療などに実用化できる可能性がある。さらに、増殖が速いという特性を利用すれば、遺伝子改変などの細胞工学技術を使って、利用目的に応じた遺伝子改変細胞株を作ることもできる。たとえば、神経細胞や心筋細胞、肝細胞などで、これらの臓器や組織細胞に特定の効果をもつような薬物などの化合物を探索する場合は、その効果を蛍光の強さで感知できるようなレポーター遺伝子を組み込んだ細胞を作成すれば、特定の効果をもつ化合物探索研究にとって貴重な実験材料になる。それに加えて、難病などの病気を引き起こす原因となっている疾患原因遺伝子を組み込んで、疾患モデル細胞を作り出せば、難病発症メカニズムの研究や、治療効果のある新薬候補化合物の探索にもこれまでにない新薬開発方法を提供することになる。さらに正常細胞を移植する細胞治療の次世代可能性として、治療効果を生み出す遺伝子の発現量や成長因子の生産量を増強させるような遺伝子改変を行った細胞を生産することも、まずは多能性幹細胞株に遺伝子改変を行って増殖させたのち、目的の増強機能をもつ分化細胞を生産することにより可能になる。

このような多能性幹細胞の応用分野としては、一般的にはパーキンソン病において失われるドーパミン神経や、糖尿病で機能しなくなったインスリン分泌細胞などの代わりとして、難病治療における細胞移植に使うために、必要な機能をもつ細胞を供給する再生医療が注目されている。しかしながら、このような細胞治療がどの程度確立して将来的に広く実用化されるかは、治療の有効性と信頼性、安全性とコストなどの多様な要因によって決まるので、いまだ明瞭ではない。それに比べて、新薬開発における疾患モデル細胞の供給や、心筋および肝細胞による新薬の安全性テストなど、創薬分野に応用されることは確実である。実際すでに製薬企業などが活用をはじめているだけでなく、世界各国で政府の産業政策として推進しており、たとえばＥＵは数千人分の体質特性を反映した大規模なｉＰＳ細胞株の樹立とバンキング（保管分配）による創薬活用のための巨大プロジェクトを開始している。

第5章
ES細胞やiPS細胞に関わる生命倫理と社会的対応

　前章で説明したように、ヒトES細胞株の樹立には不妊治療の中で廃棄されることになった余剰胚の提供を受けて使用する（図7参照）。したがって、ヒトES細胞の倫理問題というのは確かに存在するが、たとえば細胞株樹立を目的として新たに受精卵を作り、それを壊して使用するという場合に比較すれば問題は小さいと考えられる。少なくとも合理的思考を優先する人たちにとっては、当初倫理的に激しい非難を浴びた体外授精が、いまや世界中で何百万人にも達する不妊に悩む夫婦に恩恵をもたらし社会的に受け入れられていることが示すように、生命倫理の問題は、有無二元論や良いか悪いかではなく、多くの場合は程度の問題となる。実際、さまざまな新しい技術には程度の差こそあれ倫理問題がつきもので、どのようにすれば社会にとって最善の方法とできるかが重要である。もちろんその決定には科学者だけでなく、社会学者や政治、市民も関与すべきだが、社会全体にとっての最善を追求せずに、誤解や決めつけに基づいて議論を行えば、誤った方針に結びつくことになり、長期的に考えれば誤った政策を選んでしまったと考えられる例も実際に多い。

ちなみに、世間では「倫理問題があるES細胞、倫理問題がないiPS細胞」という表現が頻繁に見られるが、倫理問題がまったくないような医学の研究開発は皆無といってもよい。iPS細胞の場合は、ある個人のゲノムをもつ細胞株が樹立されて、それを長期的に増殖させて多くの場所でさまざまな目的に使用される場合があると考えられる。その中では必然的に細胞株の特性検査やゲノム解析が行われることになるだろう。とくにiPS細胞の応用として最も期待される創薬への応用では、疾患関連遺伝子などのゲノム解析はほぼ不可欠になる。では、ある個人のゲノムが、本人の意思とは無関係に解析されて疾患との関係などで研究発表されることになれば、どのようにして個人のプライバシーと利害を守ることができ、どの程度なら許容されるのか。このような新たな生命医学倫理の問題点をiPS細胞は抱えている。一例を挙げると、iPS細胞株のゲノム解析で特定の疾患リスクに関係する遺伝子の変異が発見されたとき、そのような解析を依頼してはいない体細胞の提供者に対して疾患リスクの情報を伝えるべきだろうか。この判断には複雑で慎重な検討が必要になるだろう。

国内の生命倫理議論の問題点と波乃効果

ヒト受精卵を使った医学研究や治療と創薬への応用が、どのような条件下では許されるべきかという議論には、じつは世界各国ですでに結論は下されており日本も例外ではない。その骨子は、不妊治療の目的で作られたものの、廃棄が決定された余剰胚について、その無償提供をインフォームドコンセントの原則に従って打診し、余剰胚提供と利用のプロセスを倫理委員会で議論して承認を受けて行う、というものであり、世界各国でほぼ同じである。しかしながら、日本特有の問題は、この基本方針が議論のうえ了解されて政府指針が作られたはずなのに、なぜかいまだに、この基本方針に従って樹立されたヒトES細胞株の使用に関しても倫理問題を強調する人たちが多いことである。つまり、すでに基本方針策定の際に議論されてきた類の倫理問題であれば、慎重に細胞株樹立と医学応用を行えばよいという方針が決められているにもかかわらず、あいまいな論旨で拡大解釈した指摘を、一般人だけでなく専門家たちさえ唱える場合が多く、それが研究の障害となっている。しかもそれに影響されたマスコミが、単純化した倫理問題を唱え続けていることによって、一般市民には、ES細胞は倫理問題があるから使えないというような刷り込みが広まってしまったことである。このような不合理で情緒的な対応とは異なり、世界各国では科学者コミュニティのリーダーたちが一丸となって合理的に倫理問題と恩恵とのバランスを根気よく説得したことにより、おおむね国民全体の理解が進んだ。しかし日本国内では、私たちは当然ながら率先して同様の主張を行ったが、科学界のリーダーたちがほぼ無関心か沈黙を守ったために、国民の多くに、非常に偏った理解が刷り込まれてしまったと考えている。

もうひとつの原因は、受精卵を使わずに体細胞の初期化により多能性幹細胞を作る方法が、山中伸弥博士によって確立されたために、日本としてはこのiPS細胞の研究応用を振興しようという動きが極端に高まったことにある。その中で、多くのリーダーたちが、世界的なコンセンサスであるES細胞とiPS細胞の両方を使った多能性幹細胞の研究開発を進めるべき、という立場ではなく、ES細胞ではなくiPS細胞の研究だけに予算などサポートを集中すべきという誤った方針を打ち出したことが大きな原因でもある。実際に、世界各国でiPS細胞を含む多能性幹細胞の優れた研究成果を出している研究室はほぼすべてES細胞の研究で経験と知見を蓄積してきた研究室であり、現在も引き続きES細胞とiPS細胞の両方を使った研究を行っている。また、多能性幹細胞に関する新しい知見を発表するときには、ほぼ必ず純正品であるES細胞株を使ったデータも要求される。しかしながら、5年ほど前に私たちが、多能性幹細胞を使った創薬活用の研究プロジェクト予算を申請したときに、政府のトップレベルの委員会が、ＥＳ細胞とｉＰＳ細胞株の両方を使うのはリソースの分散で無駄になる、という世界の常識に反する非採択理由を挙げたことは、この分野で大きく誤った理解が国内に蔓延した事実を象徴的に表している。

この合理性を欠く生命倫理の議論と方針によって、体細胞核移植胚由来のＳＣＮＴ-ＥＳ細胞株の樹立と研究は、日本人研究者の得意分野であるにもかかわらず、日本ではまったく着手もされず、米国で最近成功した。現在、このＳＣＮＴ-ＥＳ細胞はエピゲノムの初期化などをｉＰＳ細胞株と比較する研究などが脚光を浴びている。日本で策定されたクローン胚作成研究の政府指針は、世界各国に比べて厳しすぎるＥＳ細胞株樹立指針よりもさらに厳しい規制を何重にも被せたもので、実質的には実行不可能なものであった。私はその指針の公聴会やパブリックコメントで、これでは意味のない手続きが増えるだけで実施がきわめて難しくなると主張したが、結局指針には何も反映されなかった。じつは、核移植という非常に繊細な手技が要求される実験は、家畜やマウスのクローン動物作成成功の実績が示すように、日本人が得意とするところであり、ＳＣＮＴ-ＥＳ細胞株作成でも日本人が世界をリードできたはずである。皮肉にもこれはある意味実現しており、米国ではじめて確実にＳＣＮＴ-ＥＳ細胞株樹立を成功させた研究室には日本人研究者が加わっており、立花真仁博士が実際に核移植を成功させて論文の筆頭著者ともなっている。つまり、日本人研究者が得意技を活かして成功に導いたにもかかわらず、所属研究組織としては、日本ではなく米国が成功させたことになる。

このように、生命倫理問題について合理的な議論で妥当な方針決定を行う、さらに科学技術の進展に応じて随時方針を見直すことを怠るような政策決定が、この分野ではとくに顕著であり、科学技術立国の観点からは国益を損なっているといえる。

科学と生命倫理の考え方

ところで、受精卵を使うことに最も強く反対している考え方は、宗教的な信仰や感情、信条に基づいたものであろう。これらを否定するのも間違いだが、社会には複数の宗教が存在し、信条も各人さまざまであるので、社会全体の方針決定では合理性を基本とすべきと考える。たとえば、人間のはじまりはどの時期から、という観念的な論点がある。

誕生後の人間に対しては、個人としての権利を尊重すべきということは社会の共通原則となっており、法律もこれを保障している。とはいえ、世界では多くの子どもたちが健康に生きる権利さえ侵害されている現実もあるが、それは本書の話題からそれる。母親の胎内で育っている胎児については、誕生前とはいえ守るべき人間だと大部分の人たちは考えるだろう。しかしながら、母親と胎児のどちらか片方だけの命しか救えない状況では、生きて人格をもつ母親を救う選択がなされるのも現実である。

人間のはじまりはどの時期からという論点については、各人で考えや信念が異なり、宗教ごとにも信じるところが違っている。たとえば、バチカン法王庁つまりローマカトリック教会の教義では、人間としての生命は受精からはじまると見なしているので、たとえば着床を妨げる避妊は禁止ということになり、余剰胚を生じさせるような不妊治療にも反対である。その論理的帰結として、余剰胚やヒト受精卵を研究や医学目的に使用することにもやはり強硬に反対している。しかしながら、同じキリスト教でもプロテスタント各派、イスラム教、ユダヤ教などは、生命のはじまりを受精の数週間後と考えているらしい。これは胚盤胞が子宮壁に着床して胎児への発生をはじめた頃、そして母親が妊娠に気づいた頃にあたる。

このように、各個人や宗教で考えが異なるので、人間がいつからはじまるのかという問題には答えはない。各人がどのように考えるのも信じるのも、他人の権利を侵害しない限りにおいては自由であるが、国や社会が法律や規則を定める場合には、合理性や整合性を尊重することが必要である。そう考えると、もし受精が人間のはじまりだとすると、胚盤胞が着床に成功するのは数回に1回程度なので、一般論として健康なカップルではおそらく数か月に1回人間が生まれては消えていることになる。しかも不妊治療は広く各国の社会に許容されているが、それには多数（国内だけで毎年数万個以上と推測できる）の余剰胚が生じ廃棄されるのを許容していることになる。

米国では極端なものも含め多様な意見をもとに議論されることが多く、たとえば日本では広く許容されている妊娠人工中絶を禁止すべきという意見も一定の影響力をもっている。しかしながら、2010年に米国民の世論調査を行った結果では、7～8割の国民が、ヒトES細胞にはある程度の倫理問題が伴うが、医学発展のためには研究をサポートすべきとした結果が出ている（図11）。この意見は予想通りリベラル派やプロテスタント信者に多いが、驚くべきなのはカトリック信者でも7割近くがヒトES細胞容認派であるということである。より最近の2013年の調査（図12）は、米国民が生命倫理的問題を強く感じる割合を分析したもので、日本では許容されている妊娠中絶には半数が問題を感じている。しかしながら、ヒトES細胞研究には22パーセントだけが問題を感じている。しかもiPS細胞などES細胞以外の幹細胞研究にも16パーセントが生命倫理的問題を感じており、12パーセントは広く行われている体外

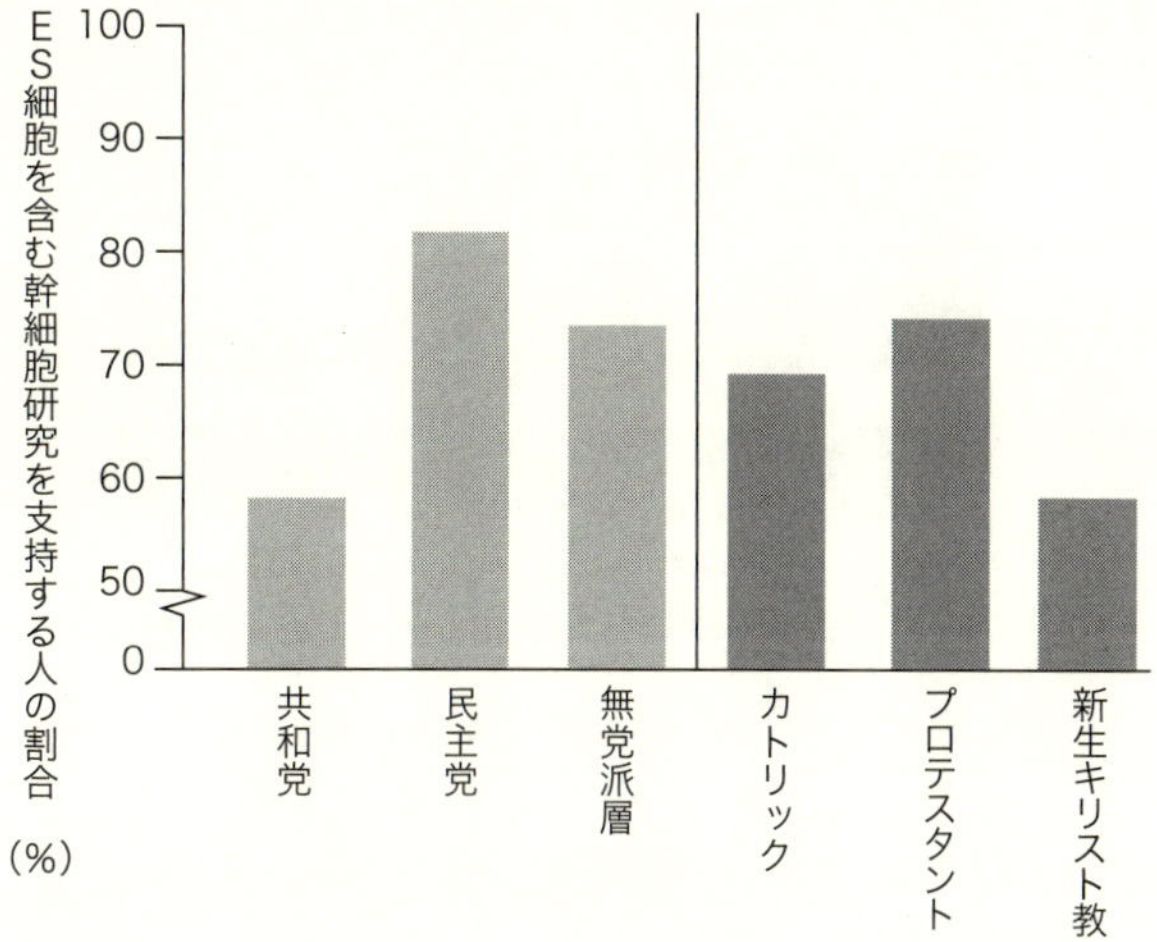

図 11　2010年の世論調査によれば，米国民の過半数は，ある程度の倫理問題があっても，医学などへの貢献を考慮すれば，ヒト ES 細胞研究を推進すべきと考えている．

授精にも依然として違和感をもっているとの結果が出ている。結論としては、宗教的保守派など極端なヒトES細胞研究反対派が存在する米国でも、大部分の国民は、その程度の倫理問題であれば、医学研究と治療法開発のために研究開発を進めるべきという、合理的な考えを表明していることになる。欧米では幹細胞研究などについて、国と社会が合理的で最善の政策を打ち出すために、さまざまな世論調査が幹細胞研究について行われており、たとえば2002年から2010年までの世論の推移などが調査されて、政策の修正が行われているが、国内ではそのような取り組みはほとんど聞かな

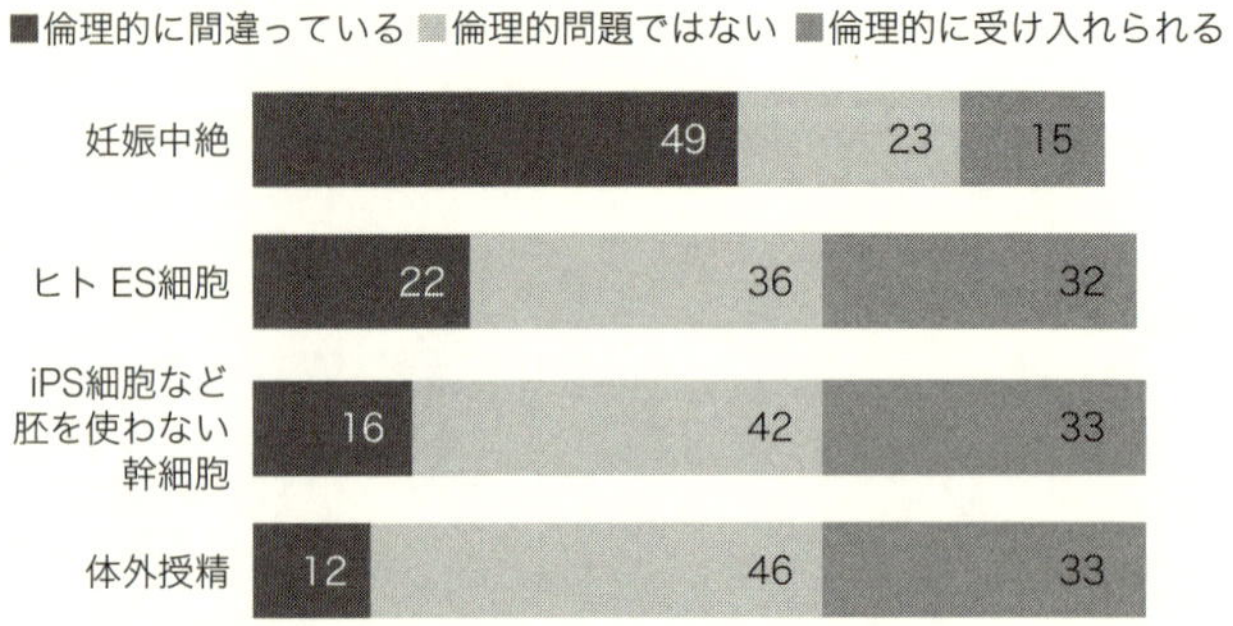

図 12　米国民の世論調査結果：生命倫理的問題を感じる割合．妊娠中絶 49%，ヒト ES 細胞 22%，iPS 細胞など胚を使わない幹細胞 16%，体外授精 12%．

い。とはいえ、これだけゆがんだ情報と理解が広まってしまった国では、世論調査は無意味でありさらなるミスリードにつながるかもしれない。

以上のように、米国をはじめ世界各国ではヒトＥＳ細胞とｉＰＳ細胞は互いに比較研究などに活用され、一緒に研究されている。実際、新しい多能性幹細胞株であり疾患患者由来ゲノムをもつ疾患モデル細胞作成など、疾患研究や創薬研究に応用が期待されるｉＰＳ細胞を用いた論文は急速に増加してきたが、それでも依然として多能性幹細胞のスタンダードとしてのＥＳ細胞は研究に使用されており、２０１３年に発表された調査結果では、論文数もｉＰＳを用いた論文の2倍程度になっている（図13）。じつ

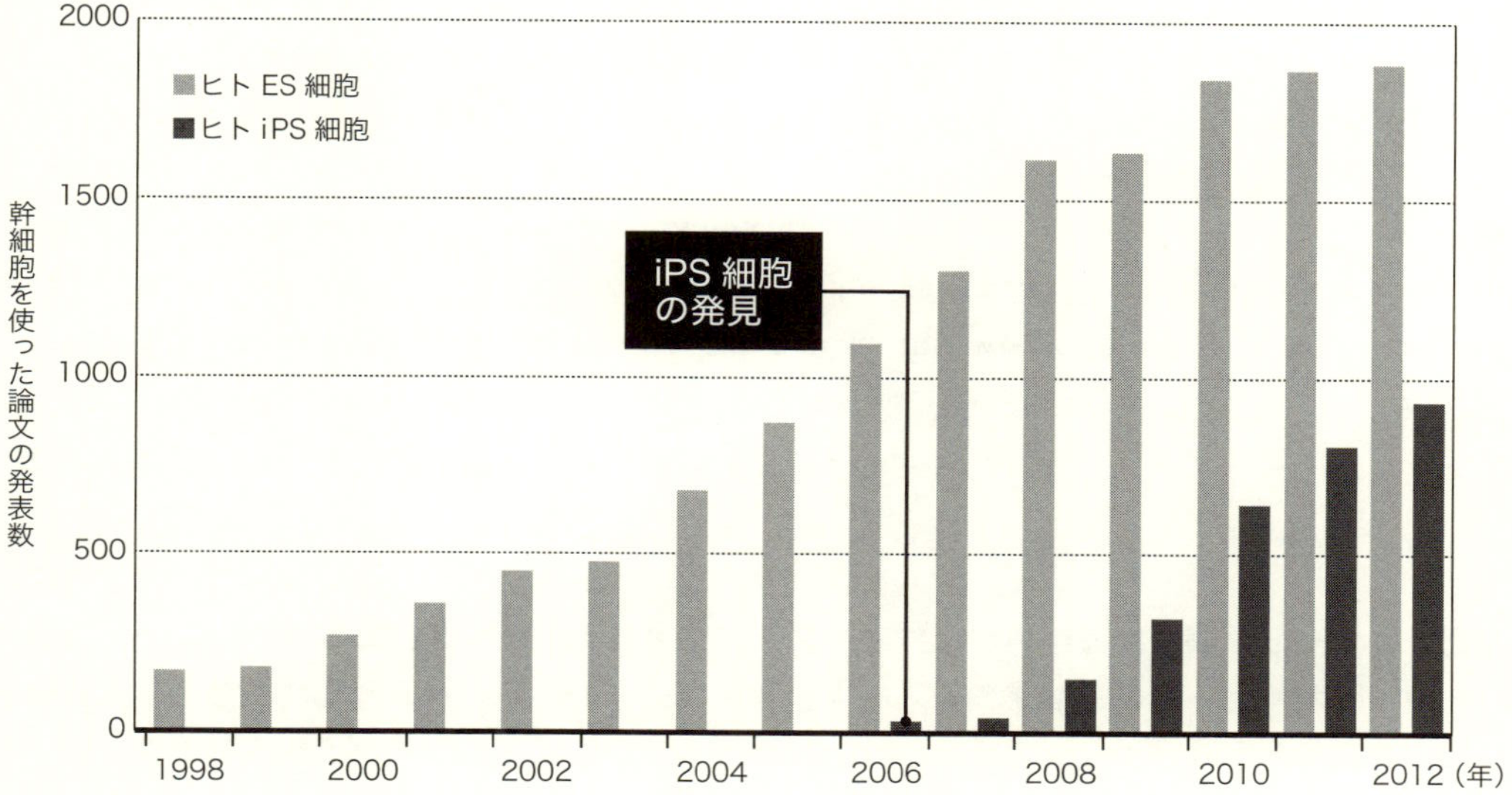

図 13　ヒト iPS 細胞を使った研究論文の数は 2007年から急増しているが，ヒト ES 細胞を使った論文は依然としてその２倍以上の数が発表され続けている．

はこの仕分けにはあまり意味がなく、ＥＳ細胞とｉＰＳ細胞の両方を使用する研究論文が重視されている傾向がある。つまり、多能性幹細胞を使った新しい知見や技術開発を行ったときに、それが特定の細胞株だけに限定された意義の小さいものなのか、多能性幹細胞全体に通用する知見なのかを見極めるには、とくにｉＰＳ細胞株で大きい特性のばらつきを考慮すると、信頼性や再現性の高い研究結果を生み出すには、必ず複数のＥＳ細胞株と複数のｉＰＳ細胞株を使って実験結果を確認する必要があるといえる。

世界の見識と責任ある研究者のコンセンサスは、２０１１年にクリストファー・スコット博士（Christopher Scott）らが発表した論説の結論が端的に表している。つまり、"hiPSCs are not replacing human embryonic stem cells, but instead, the two cell types are complementary, interdependent research tools. Thus, we conclude that a ban on funding for embryonic stem cell research could have unexpected negative ramifications on the nascent field of hiPSCs"（ヒトｉＰＳ細胞はヒトＥＳ細胞に取って代わるのではなく、２種類の多能性幹細胞は相補的で互いに不可欠な細胞株である。したがって、ヒトＥＳ細胞研究の誤った抑制は、ヒトｉＰＳ細胞研究の発展をも阻害することになる）と結論づけられている。米国では宗教的保守派の主張する、連邦予算のヒトＥＳ細胞研究への使用反対が一定の影響力をもっており、これらの論文はその誤った方針への反論でもある。しかし米国では連邦予算を使えなくても、カリフォルニア州などが独自予算を設立したり、篤志家などによる私的財源が提供されるなど、実際にはヒトES細胞だけでなく、iPS細胞の研究開発においても米国が世界を圧倒的にリードしている状況である。

日本の状況

一方、日本ではiPS細胞研究の推進をうたいながら、その誤った副作用的方針として、ヒトES細胞への過剰な倫理問題指摘と研究費の削減が続いてきた。この背景には、行政やマスコミだけでなく、研究者のリーダーたちの責任意識と力の不足があるが、マスコミの影響力が甚大であることは留意しておかねばならない。とくに憂慮する実例を挙げると、全国紙に掲載された子ども向け科学記事の表現である。iPS細胞のすばらしい可能性を強調するために、ES細胞の倫理問題を引き合いに出すことは有益とも本質的ともいえない。たとえば、ひとつの例では、ES細胞は赤ちゃんになる受精卵を使うために問題があると記載されたが、実際には廃棄が決定された後の余剰胚を使うだけなので、もしES細胞作成のために使われなくても廃棄される運命にある。別媒体の例では、ES細胞はやがて赤ちゃんになる受精卵をお母さんのおなかから取り出して作るために、利用してよいかどうか国によって意見が分かれているとある。これはまったくの誤りであり、この文章を読んで具体的に女性にどのような処置を行うのかを想像すれば、そんなことが社会的に許されるはずがないとだれでもわかるだろう。

これ以外にも多能性幹細胞をめぐる日本社会での誤解や単純化の例は多い（表4）が、基本は、多能性幹細胞は大きな可能性をもち、その研究開発にはES細胞とiPS細胞の両方が必要であり、多数の理由が存在する中でも最低限の例だけ挙げれば、両者の比較研究によってiPS細胞の問題点と改良点が見つかるということである。しかも、最近のSCNT-ES細胞株樹立の成功とその比較研究が有益な知見を生み出し、さらに現在のヒトES細胞やiPS細胞より未熟な、マウスES細胞の性質に対応する「ナイーブ型多能性幹細胞」（第4章で述べる）のほうが将来の応用に有利かもしれないなど、現状のiPS細胞が再生医療応用に最適な細胞株かどうかは不透明であると言わざるを得ない。少なくとも、ES細胞やSCNT-ES細胞との比較研究によって、現在よりも安定性よく均一に初期化された状態のiPS細胞株が作られれば、それが将来の臨床現場で使われる可能性は高いだろう。

表4　ヒトES細胞とiPS細胞に関する日本社会での誤解と単純化.

誤　解
・ES細胞を作るには子どもになる初期胚を壊す必要がある
・ES細胞だと免疫拒絶反応があるので細胞治療に使えない
・ヒトES細胞研究にはキリスト教信者の大半が反対している
・iPS細胞とES細胞は性質がまったく同じ／体細胞の初期化は完璧
・iPS細胞には倫理問題がない
・iPS細胞ができたのでES細胞の研究はもう不必要になった
・HLA（組織適合抗原）型iPS細胞バンクができれば免疫拒絶反応はなくなる
単 純 化
◆患者由来iPS細胞が再生医療のためには最適な細胞株だ
◆日本がiPS細胞の研究で世界をリードしている
◆再生医療が産業と経済発展に貢献する

第6章
多能性幹細胞の可能性とリスク

多能性幹細胞株の特性を再度述べると、（1）無限増殖能、つまり未分化状態を維持させる培養条件でがん化することなく無制限に増え続けられること、そして、（2）多分化能、つまり適した培養条件に入れ替えると多種類の体細胞へ分化させられることである。これら両者を兼ね備えていることによって、まずは未分化な多能性幹細胞の状態で毎週10倍程度（したがって毎月1万倍程度、2か月で1億倍程度に増やすことができる）の速度で大量に増殖させたのち、目的に応じた有用細胞へと分化させて、神経細胞、心筋、肝細胞など、再生医療や新薬開発に必要な正常に近い人間の細胞を均一な品質で生産供給できる。

実用化のためには何が必要か

ここまでは、従来の幹細胞に関する入門書で繰り返し解説されてきたことである。しかしながら、研究段階と実用化の世界は大きく異なる。ここからは、実際に治療や創薬を実用化するには、これまでの実験室での研究から、今後どのような研究や技術開発が必要になるかを念頭に解説を進めることにする。

まず、培養条件下で増殖させ続けるにあたり、実用化のためには培養液などの条件を詳しく検討しなければならない。キーワードは、信頼性、安定性、デファインド（Defined, 既知の成分しか含まないこと）、ゼノフリー（未知の病原体や免疫炎症反応を引き起こす原因となり得る人間以外の異種動物由来成分が含まれていないこと）である。大事な点は、人間や動物由来の病原体や毒性因子を含まないことが保証されていることと、いつも成分の安定性と均質性が保証されていること、である。デファインドでない培養液の例として、基礎研究段階の細胞培養では、ウシなど家畜の血液から血球細胞と凝固タンパク質を除いた後の血清を添加した培養液が使われることが多い。しかしながら血清中にはどんな成分がどんな量で存在するかを完全に知ることはできず、未知成分が含まれているので、つねに同じ成分であると保証できない。さらにはプリオンやウイルスなどの病原因子の混入もあり得るが、ヒト血清の場合はとくに病原ウイルスなどによる汚染リスクが重大である。さらにいえば、たとえデファインドな培養液であっても、成長因子（サイトカイン）などのタンパク質を含む場合は問題があり、品質が変動しやすく、生産と精製過程で微少成分が混入する可能性を取り除くのは困難なので、これら生体由来高分子はできるだけ含まないほうが望ましい。

最後に、研究段階ではあまり考慮されないが、実用化にとってはきわめて重要な点がある。コストである。実験室で1回の実験に100ミリリットルの培養液を使う場合には、培養液のコストはあまり重要でないかもしれないが、実用化にははるかに大量の培養液が必要になり、たとえば1回の培養に1000リットル規模の培養液が必要だとすると、実験室レベルの1000倍のコストがかかる。これらのコストがすべて最終目的である細胞治療などの費用に影響する。なお、臨床応用のための試薬やデバイスには、各材料や部品について、それらの生産過程と原料もすべて臨床応用基準に合致した品質保証が必要になることから、同じ培養液や材料でも、研究用の試薬や材料よりもはるかに高価なものになる。

こういった実用化のための培養条件として、まずは細胞を接着させて増殖させるための接着面について考える。多能性幹細胞は非常に繊細で扱いにくい細胞で、伝統的な培養方法としては、培養皿などの表面をまずは繊維芽《せんいが》細胞とよばれる臓器や組織の隙間を埋めている細胞で覆って（この細胞に増殖を止める処理をあらかじめ施した後で使う）、その上に気難しいＥＳ細胞やｉＰＳ細胞を培養している（図９参照）。この繊維芽細胞のような使われ方をする細胞はフィーダー細胞とよばれるが、フィーダーというのは「餌を与える」、つまり世話をするという意味である。フィーダー細胞を用いた培養は、たとえ動物由来からヒト繊維芽細胞に入れ替えても、異種動物細胞を使わないことで少しは改善するものの、フィーダー細胞にどんな成分が含まれるか完全に知ることは不可能であり、デファインドでないため臨床用には向かない。

そこで現在使われるのは、フィーダー細胞ではなく、細胞接着因子であるラミニンやビトロネクチンなどのタンパク質をコーティングした培養器である（図14）。これらについても、ヒト血清から分離精製したものは品質が不安定なことに加えて感染症リスクが存在するし、それを解決する方法として、遺伝子組換え技術による生産が考えられるが、通常は非常にコスト高となってしまう。この細胞接着分子では、私たちが２０１２年に論文発表した、巨大分子であるラミニンの細胞接着部位だけを切り出して扱いやすくしたラミニン断片タンパク質がいまのところ最適解に近い。将来的には、完全に化学合成された細胞接着に適した人工物質が、現在試されているものからさらに改良されていくと予想できる。

さて次に培養液であるが、まずはマウスＥＳ細胞の研究用に開発された培養液をもとにし

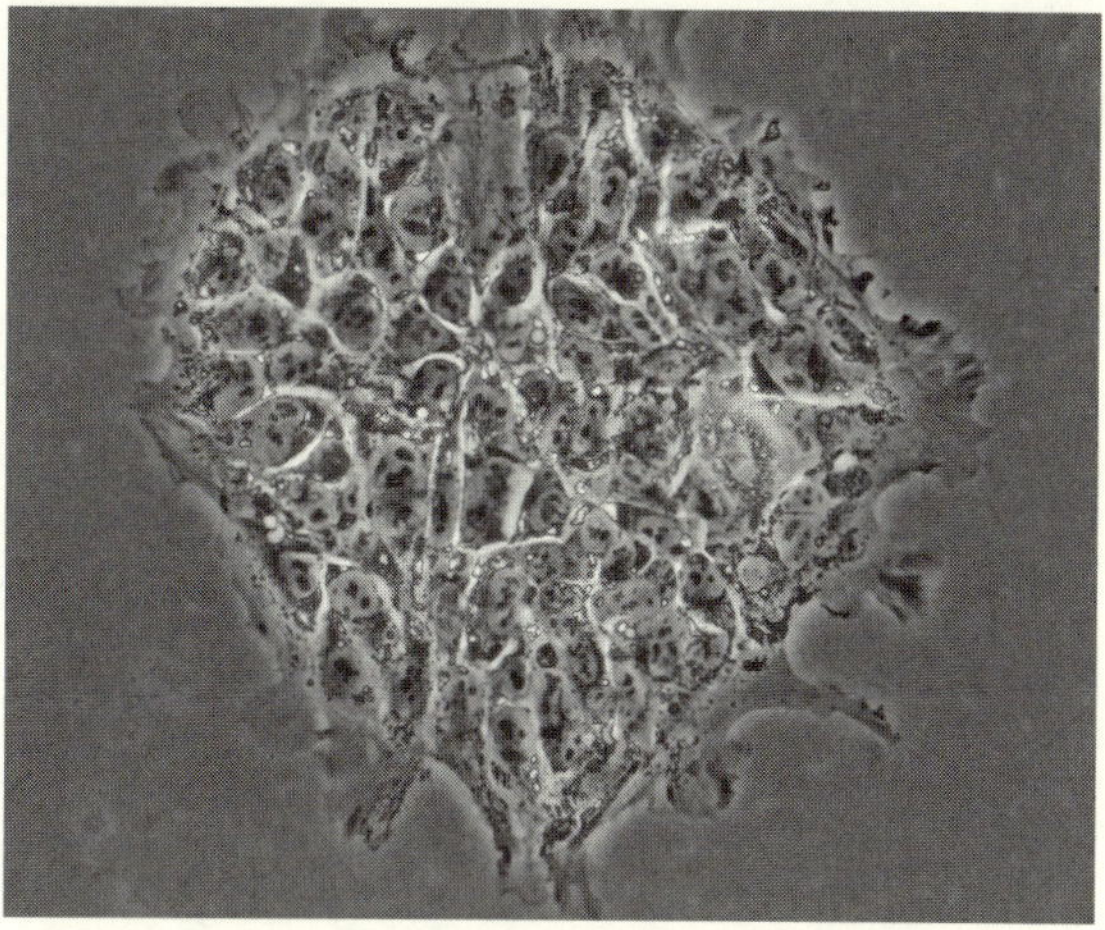

図 14　フィーダー細胞なしで培養されたヒト ES 細胞コロニー.

て、主要な成長因子をヒト多能性幹細胞用に入れ替えて、ヒトES細胞とiPS細胞に使用されてきた。しかしながら、この培養液には血清成分が加えられていてデファインドではない。そこで、既知成分を多数加えたmTeSRとよばれる培養液が、ヒトES細胞株を最初に樹立したウィスコンシン大学のグループによって開発され世界中で使われるようになった。これ以外にも数種類のデファインド培養液が開発され、使用されている。こういった培養液に残された問題点としては、成長因子（サイトカイン）が高濃度に加えられていることから、このタンパク質成分の品質安定性とコスト高が実用化には大きな足かせとなる。それに加えて、培養液に含まれる成分が多過ぎるという問題もある。臨床応用のためには、含まれる個別成分のすべてについて品質基準をクリアする必要があることから、成分の数はそのままコスト増加につながる。

そこで、やはりウィスコンシン大学のグループが、mTeSR培養液から必要不可欠な成分以外を取り除いた結果、E8つまりEsssential Eightと称される培養液開発に成功した。これは基本培養液に8個の成分だけを加えたものであり、bFGFなどの成長因子は高濃度で含むが、品質が不安定でコスト高の原因にもなる血清アルブミンタンパク質は含まない点が有利である。一般に、培養液成分が単純化されてアルブミンなどの高分子タンパク質が減少すると、細胞への保護作用が低下して許容される培養条件の範囲が小さくなるので、培養の際につねに完璧な手技が求められたり、細胞株によって培養状況が変化したりする。このように不安定化した状態をロバスト（Robust）性がなくなるという。しかしながら幸いにも、現在販売されているE8培養液については、私たちが試したところロバスト性で合格点といえる。今後さらに改良が望まれる点は、品質安定性とコスト問題を改善するために、現在高濃度で加えているbFGFなどの成長因子の濃度を大幅に下げたりゼロにしたりできるような低分子化合物による代替が可能になることであり、現在私たちを含めて世界中で化合物の探索が進められているはずである。

このように、ヒト多能性幹細胞のデファインドで安定性と信頼性の高い培養方法が確立されたとして（念のため繰り返すと、このような培養方法に関してＥＳ細胞とｉＰＳ細胞は完全に共通である）、臨床実用化のためには、想定外の病原体や毒物による汚染（コンタミネーション）を防ぐクリーンな環境が必要であり、培養の手順と材料が完全にプロトコル通りになされたという記録が必要になる。最後の記録保存は研究よりはるかに厳密性が求められるが、それは実際に臨床応用されたのち、何か不具合が起きたときに、どこでプロトコルからの逸脱があったのか、事故の原因をさかのぼって検証できるようにするためである。

以上を実現するためには、ハード面では、以前はＣＰＣ（Cell Processing Center）とよばれたが現在ではＣＰＦ（Cell Processing Facility）とよばれるクリーンルームを中心とする臨床用施設が必要になる（図15）。最近では、部屋全体をクリーン化するのではなく、閉鎖系培養装置の内部だけ必要なクリーン度を保つアイソレーター機器も使われる（図16）。じつは、作業者（すなわちすべての人間）こそが多種類の細菌やウイルスなどを保有しまき散らす最大の汚染源なのである。

1. 外観と入口

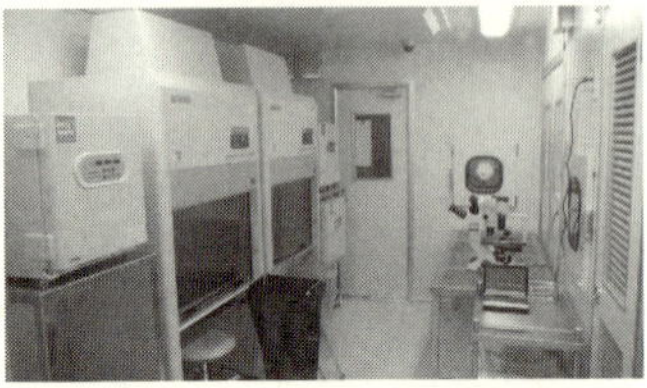

2. 高クリーン度の細胞培養室

3. 機器と施設をモニターする管理室

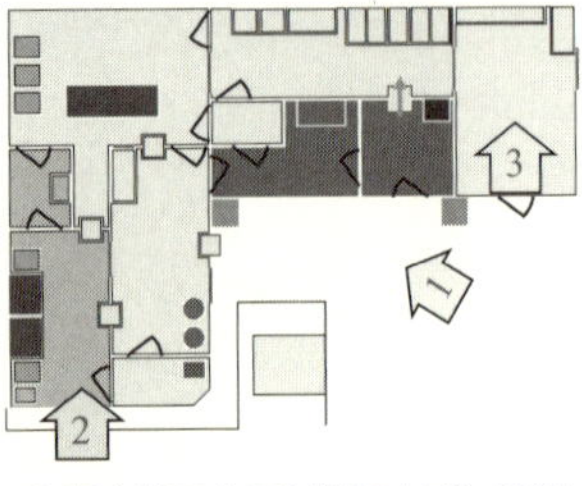

図 15　京都大学再生医科学研究所に設置されたヒト ES 細胞用細胞プロセシング施設.

(a) 全体外観．グローブ操作室（右）と細胞培養インキュベーター（左）．

(b) 操作室内部の様子．顕微鏡とモニター，物品を出し入れするパスボックス，細胞回収などに用いる遠心分離機などが設置されている．

図 16　ヒト ES 細胞用細胞プロセシング施設内に設置されたアイソレーター．

多能性幹細胞株がもつリスク

これまで述べたのは、培養プロセスの品質安定性と安全性の保証のために必要な培養液やクリーンルーム設備の点である。次に重要になるのが、多能性幹細胞株自体の品質とリスク管理である。ＥＳ細胞の研究がはじまった頃には、適切に培養していれば、ＥＳ細胞株は長期間の安定した継代維持が可能で、染色体異常もなく、おそらくゲノム変異もあまり起きていないと考えられていた。しかしながら、実用化を念頭においた詳しい解析が行われ、同時にゲノム解析技術が飛躍的に進歩したことにより、詳細なゲノムやエピゲノムを解析した論文や総説が近年多数発表され、さらにＥＳ細胞株に加えてｉＰＳ細胞株についてもこれらの解析や両者の比較検討が行われてきた。

結果をまとめると（表５）、ある意味必然的ではあるが、長期間培養し続けたＥＳ細胞株では、ある頻度でゲノム変異は起きて蓄積するといえる。当然ｉＰＳ細胞株でも増殖させることに伴う変異は同様に起きる。少し概念的にいえば、地球上の生物のＤＮＡが適度の変異を起こすことが多様な生物を生み出す原動力になったともいえる。もしあまりに変異を起こしやすければすみやかに重要な遺伝子の機能を失って絶滅しただろう。逆にまったく変異がなかったら生物進化は起きなかったはずである。すなわち、ＤＮＡは細胞分裂における複製の際に必ず低

表5 ES細胞株やiPS細胞株で起きるゲノムとエピゲノムの変異など，異常化のリスクが示す各細胞株の品質評価と選別の重要性．

① ES/iPS細胞株の長期継代培養においては，とくに最適ではない培養条件下では，やや不利な条件下でも増殖を有利にするような，がん遺伝子のコピー数が増えるなどの変異を起こした細胞が増えるリスクが高まる．
➡したがって，このような変異細胞株を選別し排除する必要がある．
② iPS細胞株を樹立する初期化過程では高度の細胞選別が起きることから，iPS細胞株では樹立初期から多くの変異が起きている可能性がある．また，提供者の体細胞で蓄積しているゲノム変異を引き継いでいる可能性がある．
➡したがって，これら安全性において重大な変異をもつ細胞株を選別し排除する必要がある．
③ iPS細胞作成時の初期化は完全ではないことが報告されており，iPS細胞株におけるエピジェネティクスの変動が品質管理上で注意すべき点である．
➡したがって，エピゲノムの状態を検定することがiPS細胞株の評価にとって重要である．
多能性幹細胞株における変異リスクを要約すると （1）ES細胞株とiPS細胞株の培養ではDNA複製に伴う変異が必ず起きる （2）ES細胞株は初期胚細胞に存在した変異をもつ （3）iPS細胞株は体細胞に蓄積した変異と初期化過程で起きた変異をもつ

い確率ながら変異が起きる。これが細胞増殖や生存に不利な変異ならその細胞は消えるだけだが、もし増殖や生存に有利な変異の場合は、継代維持している細胞集団の中で優勢になっていき、やがて集団全体を占めることになる。この際に細胞集団を増やすように働く変異は、細胞増殖を高め、最適でない条件でも生存できる可能性を与えるが、それらは残念ながら、細胞をがん化させる変異と共通する部分が大きい。とはいえ、最適な条件で培養を続けたES細胞株の中には、顕著な変異を起こすことなく増殖できる安定な細胞株も多数存在する。

さて、iPS細胞株の場合には、ここまで述べたES細胞株と共通の細胞分裂に伴う変異蓄積に加えて、さらに二つの変異リスク要因をもつことが知られている。ひとつは体細胞由来のゲノム変異である。人間を含む多細胞生物では、生殖系列の細胞、すなわち卵子や精子を作る細胞系譜のゲノムは、次世代子孫に受け渡されるために、変異を修復する酵素が高レベルで存在したり細胞分裂回数が抑えられたりすることで守られている。したがって初期胚由来のES細胞株の場合は、生殖系列細胞として比較的変異が少ないと考えられる。しかしながら、iPS細胞を作る元になる体細胞では、単一細胞のゲノムを読み取る技術の発展によって、多数のゲノム変異を有することがわかってきた。つまり、たとえこれらのゲノム変異が起きていても、皮膚や肝臓の体細胞としては必要な細胞機能を果たし、がん化さえしなければ実害がないのが臓器組織の体細胞であると考えられる。実際、最近の研究発表では、私たちの体は体細胞ごとに多種類のゲノム変異をもつ、いわばキメラやモザイク状態とも表現された。たとえば皮膚の細胞は、頻繁に紫外線などを浴びており、肝細胞も毒物の代謝と処理を率先して行っている細胞であるため、DNA損傷を起こしているはずである。したがって、iPS細胞株の中には、体細胞のゲノム変異を含むものが多く、場合によっては細胞増殖や生存に有利な変異をもつ体細胞由来のiPS細胞コロニー（細胞の一群のこと）を樹立時に選んでいるリスクがある。

また、iPS細胞株を樹立する初期化プロセスには細胞選別が含まれる。すなわち、たとえば10万個の体細胞を培養して、初期化因子を加えて、その培養皿から10個のiPS細胞コロニーを拾い上げたとすると、1万倍の選別過程を含むことになり、このとき、他の細胞よりも増殖が速い細胞や初期化しやすい変異をもつ細胞を選別するリスクがある。そして、これらはがん化リスク要因と共通する可能性がある。したがって、iPS細胞株の場合は、由来する体細胞の種類だけでなく、同じ体細胞を使ってもiPS細胞株の性質が分散することが報告されている。このような性質のばらつきも、移植治療用の細胞集団の安定性と信頼性が要求される臨床応用の場面では問題となる。

ゲノム変異が多能性幹細胞のひとつのリスク要因だとして、もうひとつのリスク要因はエピゲノムの変動または異常である。エピゲノムというのは、染色体にあるDNAの塩基配列が同じであっても、DNAなどの化学修飾によって、遺伝子の働き方が異なり、そのパターンが細胞分裂の前後、すなわち細胞増殖の後でも引き継がれる現象である。いわばゲノムを超えた(=エピ)現象という意味である。臓器や組織を構成する各種体細胞は、受精卵から引き継いだ同じゲノムをもっていても、その遺伝子発現パターンが異なることによって、各々の種類の細胞が必要とされる機能を果たすことになる。したがって、分化後の体細胞を初期化する際には、分化細胞におけるエピゲノムが、初期胚細胞や受精卵のエピゲノムに近いパターンに再プログラム化(reprogramming)されるはずであるが、これが決して完全ではないことが知られている。

ES細胞株の場合はいわば純正品として、初期胚中の多能性幹細胞の状態を維持して樹立した細胞株であり、エピゲノムも正常初期胚の細胞と近似していると考えられる。しかしながら、いったん体細胞に分化したのちに、初期化因子によって多能性幹細胞の状態に初期化(再プログラム化)させたiPS細胞株を詳しく調べると、分化細胞のエピゲノムが残っていたり、通常はどの細胞でも見られない異常なエピゲノムパターンを示す場合が発見されている。これは不完全な初期化による必然的な結果ともいえる。このエピゲノム異常やばらつきが、実際に再生医療などの応用にどの程度の妨げになるかは明言できないが、細胞株の品質の不安定性を招くことは間違いなく、臨床応用で要求される品質の均一性と安定性に反するリスク要因であることは間違いない。

多能性幹細胞の改良研究は進行中

なお、iPS細胞株の作成技術はいまも世界中で改良が進んでいる。まずは、レトロウイルスベクターを使った初期化方法はゲノム変異やがん化リスクが高いことから、染色体に組み込まれないかたちで初期化遺伝子を働かせる方法が複数開発されている。今後さらに、iPS細胞株やSCNT-ES細胞株とES細胞株の比較研究などによって、現在のiPS細胞よりももっと完全に近く初期化できるような、優れたiPS細胞株の作成技術の進歩に期待したい。

いずれにしても、現在のiPS細胞株が臨床応用を含めた実用化のためにベストかどうかはまだ明確ではなく、つねに再検討の余地がある。たとえば、現在進行形で研究は進展しており、初期化遺伝子が染色体に組み込まれないように改良した4種類の初期化方法で作ったヒト

iPS細胞株のゲノムやエピゲノムを比較する論文が2015年に入って発表されるなど、この分野の研究は世界で日進月歩の状況にある。最善の方法になるかもしれないiPS細胞作成方法として、遺伝子を加えるかわりに化合物カクテル（混合物）を使った初期化などの研究も進められている。

それに加えて、まだ将来性は不明だが卵子を単為《たんい》発生させた初期胚から樹立した単為発生ES細胞株の研究を行っている研究グループとバイオテク企業がある。単為発生とは、卵子に電気的刺激や化学的刺激を与えることによって、精子による受精を経ずに発生を開始させることである。このとき、卵子の核にある1セットの染色体（1倍体）がDNA複製によって2セット（2倍体）になり、そのまま細胞分裂を続けることによって、通常と同じ2倍体細胞からなる初期胚ができるが、哺乳類では母親由来と父親由来の染色体セットの両方がないと、胎児への発生は遺伝子発現の異常により停止してしまう。しかしながら、初期胚までは発生することが可能で、そこから単為発生ES細胞株は樹立でき、この細胞株は通常のES細胞株のように長期間増殖と多分化能を備えている。じつは卵子は、受精卵とは異なり、胎児や人間には発生しないので、宗教的保守派の考えでも人間のはじまりとは見なされず、生命倫理的問題が少ないと考えられる。しかも、大部分の遺伝子座が組織適合型を決めるHLA遺伝子群を含めて、対立遺伝子が同じ型である（ホモ型）という特徴もあるので、免疫拒絶反応を比較的低減できるような移植細胞を作り出すための新型多能性幹細胞として、将来活用される可能性も残っている。

日本国内では、大きなプロジェクトや潮流がいったん作られると、世界情勢の変化に応じた軌道修正がこれまでうまく行われてこなかったが、科学技術の世界ではつねに世界中で新たな成果が生まれているので、つねに目を世界に開いて、一方向だけに固執することは避けるべきである。なお、幸いにもというべきは、多能性幹細胞はやはり特別で特殊な幹細胞の種類であり、別の新しい細胞株作成方法が見つかったとしても、ES細胞にはじまる多能性幹細胞を培養下で取り扱い活用するための技術や知見は、すべての種類の多能幹細胞に適用できるので、これまでの研究開発が無駄になることはない。日本ではなぜかES細胞で培われた知見や技術が、iPS細胞の登場によって意義がなくなり、取って代わられるかのような考えが広まったが、そのような完全に誤った理解こそが、日本の幹細胞分野の研究開発に大きなゆがみを生み出し続けている。いまこそ、正しく合理的な理解と判断に戻るべきである。それなくしては、多能性幹細胞に関連する研究と応用で世界に貢献する十分な役割を果たすことは難しい。

第7章
再生医療への応用と世界の状況

ここまで、多能性幹細胞の起源や性質、どのような大きな可能性をもっているかを述べてきた。いよいよ、世の中の期待の中心となっている、再生医療を目指した研究と臨床応用の世界的状況を俯瞰する。

さて、再生医療という言葉は実際には多種類の治療方法を含むことになるが、多能性幹細胞との関係で注目されているのは、疾患患者の臓器組織で失われたり機能しなくなったりした細胞を補うために、体外で入手した機能細胞を移植することによって、疾患臓器の機能を回復させる治療である。したがって、このような細胞治療に必要な正常機能をもつ細胞を、多能性幹細胞から作り出して、移植に用いることになる。

これを実現するためには、ES細胞株やiPS細胞株の作成に成功しただけでは足りない。もしこれらを移植すると、多種類の分化組織が混ざった良性腫瘍であるテラトーマが移植部位にできて、かえって有害である。ゲノム変異をできるだけ起こさないような最適な条件で多能性幹細胞を培養増殖させて、その品質を検定したのち、目的の有用細胞へ効率よく分化させて、分化細胞を集めてその品質を調べたのち、最適な方法で患者の体の必要な部位に移植するという、多段階のプロセスを確実に成功させる技術体系を構築する必要がある（表6）。

次に、再生医療に限らず、新しい治療法を確立するためには、やはり多段階の長い道のりが必要であることを説明しておこう（図17）。第1段階としては、たとえば多能性幹細胞の性質や分化方法に関するさまざまな基礎研究段階があり、これは細胞生物学や分子生物学などのことである。次に、将来の再生医療などへの応用を念頭において、そのために大量生産する方法を開発したり、動物疾患モデルを使って細胞移植治療の前段階の研究を行ったりするトランスレーショナル研究（橋渡し研究ともよばれる）がある。それで有効性や安全性がある程度確認できた後で、新しい医療としての確立を目指して監督機関による評価と審査を受けながら、厳密な安全性と有効性を科学的および医学的に確認するために、リスクについても十分な説明を

表6　多能性幹細胞の実用化には多段階で多面的な数多くの要素や技術開発が必要.

1．ES/iPS 細胞株の樹立 ES 細胞株：初期胚細胞からの樹立方法 iPS 細胞株：体細胞からの初期化（リプログラミング）方法
2．培養増殖 安定品質低コスト合成培養液などの開発 安定品質低コスト培養基質・器材の開発
3．幹細胞株の大量培養，品質管理 安定かつ高品質の大量培養生産技術の開発 細胞株のゲノム・エピゲノム変異の評価と品質管理 リスク管理された生産供給システムの開発
4．分化誘導，目的細胞の選択と選別，大量生産 高度のロバスト性と低コストの高率分化誘導方法の開発 分化した組織幹細胞，前駆細胞，未成熟細胞， 成熟細胞の最適段階の選択 目的細胞種を回収して選別するシステムの開発 腫瘍形成リスクをもつ未分化および異常細胞の除去 安定高品質分化細胞の大量培養生産技術の開発
5．実用段階での利用技術 実用最終段階での調製細胞の品質評価と品質管理 利用技術：細胞移植法，創薬アッセイ法など目的に 適した多面的技術システム

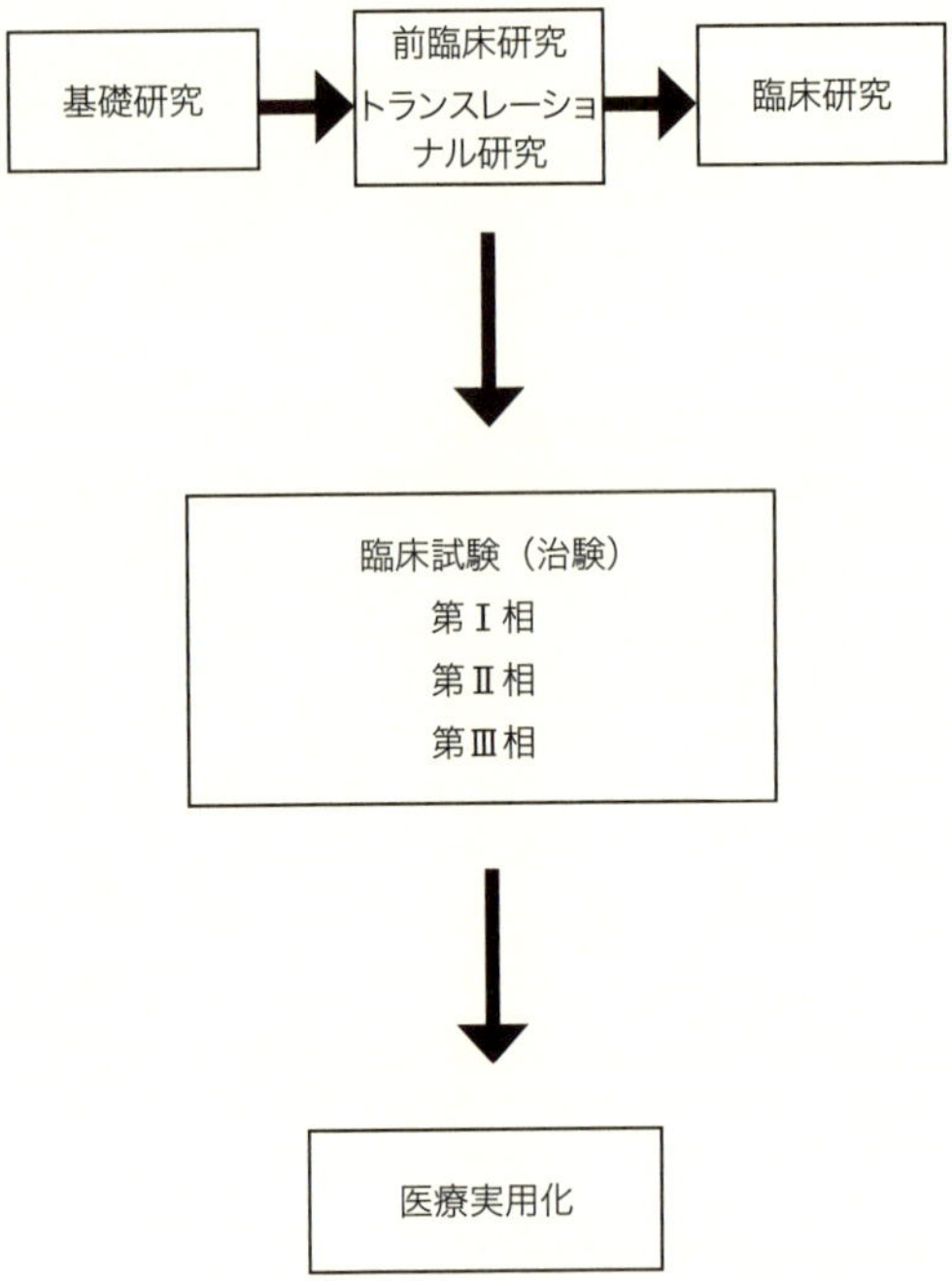

図 17　新しい治療の実用化への道筋.

受けたボランティア参加の患者など被験者が参加して検証する臨床試験（治験）があり、これが成功すれば、新しい医療として認可されることになる。この臨床試験（治験）では、最初に少量の医薬品候補や細胞を被験者に投与して安全性を確認するための第Ⅰ相、投与量を増やして治療効果があるかどうかを確認するための第Ⅱ相、そして治療措置を行った被験者グループと行わなかったグループを比較して本当に治療効果があるかどうか判断する第Ⅲ相へと、慎重に試験を進めていく方策が決められている。このような本格的な治験は、コストと期間が大きく、通常は十分な資金を用意した医薬系バイオ企業が参加する必要がある。これとは別に、医師の主導責任のもとに、少数患者に対して、予備的に新しい治療法の安全性と有効性を調べる「臨床研究」とよばれる研究が日本では行われているが、これだけでは実際の新規治療法として確立するには不十分である。

しかしながら、このような臨床研究や、たとえ本格的な臨床試験が成功したとしても、それだけでは比較的少数の患者を公的資金や医薬企業の負担で治療できただけである。幹細胞を使った再生医療（細胞治療）が本当に新しい治療法として実用化するためには、その細胞治療が確実に有効で安全であると同時に、コスト面でも多くの患者の手が届くレベルにする必要がある。

世界の現状

多能性幹細胞を利用することによって、これまで満足な治療ができなかった難病の細胞治療が試みられている疾患としては、網膜変性疾患、1型糖尿病、パーキンソン病、脊髄損傷、心筋疾患など、数多くある。それらの一部については、海外においてはヒトＥＳ細胞株を利用した臨床試験（治験）が進んでおり、国内ではヒトｉＰＳ細胞を利用した臨床研究が開始している（表7）。それ以外の疾患については、基礎研究からトランスレーショナル研究に進んだ段階である。

実際の患者での臨床試験（治験）については、網膜変性症の治療が最も進んでいる。米国や英国では、長年この分野で研究開発を先導してきた米国のバイオテク企業（Advanced Cell Technology社、最近Ocata Therapeutics社に引き継がれた）が、長期間の研究蓄積と信頼性のあるヒトＥＳ細胞株を使って、網膜色素細胞へ分化させたのち、数十名の患者への細胞移植を行って、すでに良好な結果を得たと２０１４年に論文発表した。また、日本の理化学研究所では患者由来のｉＰＳ細胞株から分化させた網膜色素細胞を移植に用いる臨床研究（本格的治験の前段階としてのパイロット的な臨床研究）が開始している。この眼科疾患が先頭を切って進展している理由はいくつかある。まず細胞治療効果を期待できるメカニズムが明確であるこ

表7　多能性幹細胞を使った細胞治療を目指す研究と臨床応用の現状.

パーキンソン病	
	ヒトES/iPS細胞からドーパミン神経への分化誘導，疾患モデル動物へ移植する前臨床研究では病態改善などよい結果．日本でiPS細胞を使った臨床研究を準備中
脊髄損傷	
	ヒトES/iPS細胞から神経幹細胞／前駆細胞，運動神経，グリア細胞などへの分化誘導
	グリア細胞や神経前駆細胞の疾患モデル動物への移植による治療効果の報告
	米国で治験開始と中断：ES細胞由来グリア前駆細胞移植による急性期脊髄損傷の治療 →新会社 Asterias Biotherapeutics社が治験再開
加齢黄斑変性など，網膜変性眼科疾患	
	ヒトES/iPS細胞からの網膜色素細胞を疾患モデル動物へ移植して病態改善
	米国と英国で治験を開始：ACT/Ocata社とPfizer社がES細胞由来網膜色素細胞移植で治療
	日本でiPS細胞を使った臨床研究を開始
心筋梗塞	
	ヒトES/iPS細胞から心筋細胞への分化効率を上げる研究が進展
	疾患モデル動物への細胞移植では心筋組織に取り込まれて心筋機能が向上
糖尿病	
	ES細胞からインスリン分泌細胞への分化誘導法開発， 米国Viacyte社が治験を開始
	透過性膜カプセル中に封入して移植すれば安全性向上，免疫拒絶の回避が可能
肝硬変など	
	ES/iPS細胞から肝細胞への分化誘導の研究は進行中

と、つまり患者で失われた網膜色素細胞を補充すれば、それが分泌する成長因子によってサポートされる必要がある網膜の視細胞を回復できるという、明瞭な治療効果が期待できることである。次に、移植治療に必要な細胞数が他の疾患よりも圧倒的に少なくても効果を期待できることがあり、各々の患者に10万個程度の網膜色素細胞で治療効果があると予想されている。さらに、眼球の中の移植は、通常の眼科診療に用いる光学的検査機器で体外から観察と診断が可能であり、もし移植細胞ががん化するなど最悪の状況になっても、レーザー光で細胞集団を死滅させるなどの緊急対応も可能である。最後の重要な点は、眼球中は免疫隔離状態なので、自分自身由来の細胞でなくとも、移植細胞に対する拒絶反応が弱いことが期待できる。実際に米英で多数の患者に対する実用的な再生医療を目指しているのは、単一または少数株のヒトES細胞株を用いて大量の網膜色素細胞を生産して品質検定したうえで、まとめて生産した移植用細胞を使って、多数の患者を治療するという、アロ型移植（移植免疫と拒絶反応の観点からは、患者由来の細胞を自分に移植するオート型移植ではなく、他人由来細胞を移植するアロ型移植に相当する）のスキームであるが、必要とされる免疫抑制措置は軽度だろうと予想している。実際に発表された論文では、移植当初3か月程度の免疫抑制だけで、その後2～3年間の経過観察では免疫拒絶の兆候が見られなかったと報告されている。

次に期待されるのは、1型糖尿病の治療を目指して、膵島《すいとう》（膵臓の一部）のインスリン産生細胞を多能性幹細胞株から作って移植する細胞治療である。これについては、やはり長年にわたって、米国のバイオテク企業（ViaCyte 社）が研究開発を進めており、最近米国の監督機関であるＦＤＡ（米国食品医薬品局）から治験開始の承認を得て、カリフォルニア大学で最初の患者に細胞移植を実施した。彼らが目指す方法は、信頼できる単一のヒトＥＳ細胞株からインスリン産生細胞を大量に生産して、それを透過性カプセルに封入して、いわば細胞デバイスとして患者の皮下などに移植する方法である。この場合も非常に有利な点がいくつかある。まず治療のメカニズムが明確なこと、すなわち患者の血液中のグルコース濃度に応答して移植細胞が適度のインスリン量を分泌すれば、現在行われているインスリン注射よりも優れた治療効果が期待できる点である。このメカニズムであれば、移植細胞を膵島や肝臓などに移植する必要はなくて、患者の血流に接していればよいということで、移植が容易な皮下でも可能である。さらに、血液や体液中のグルコース濃度を感知して分泌したインスリンを血流中に放出できればよいということであれば、細胞が透過性カプセル内に封入されたままでも治療に必要な機能を発揮できる。もしこのように封入された細胞ががん化しても重大事態にはならず、単にカプセルを細胞ごと取り出せばよいため、安全性も高い。また、免疫担当細胞がカプセル内に侵入しなければ拒絶反応も起きにくい。ただし、血糖値を安定させる治療効果を生み出すには、患者あたり10億個という大量のインスリン細胞の移植が必要であると推定されている。この場合は、本格的な大量生産工場で多数の細胞入りカプセルを生産して、凍結保存して、世界中に流通させることになるだろう。これは、すでに製薬企業で確立している医薬品の生産および流通モデルと非常によく似ており、従来の医薬品をこのような「細胞医薬品」に置き換えただけであり、細胞を扱えるように改良した工場生産と流通プロセスを確立することによって、品質管理とコスト抑制による実用化を期待できる。

3番目に有望と考えられるのは、パーキンソン病の細胞治療である。この疾患は、脳内に存在するドーパミン神経細胞が失われていく病気であるので、正常機能を果たすドーパミン神経を脳内の適切な部位に移植すれば治療効果が期待できる。実際に、中絶胎児から取り出したドーパミン神経を含む細胞集団の移植は、患者ごとに効果にばらつきはあるが、一定の治療効果があったと報告されている。そこで、入手に限界がある中絶胎児由来ではなく、多能性幹細胞から分化させたドーパミン神経細胞を使って移植するという、治療メカニズムが明瞭な細胞治療法が考え出された。さらに、治療に必要な細胞数も、網膜色素細胞よりは多いが１００万個程度と考えられており、比較的少数の細胞を用意すれば治療可能と考えられている。これについては、京都大学でｉＰＳ細胞を使った臨床研究を数年後に開始する計画が発表されている。

もうひとつ早期から治療が期待されている疾患は、脊髄損傷である。実際に、米国のバイオテク企業（Geron社）が世界最初に開始したヒトＥＳ細胞由来細胞による臨床試験は、脊髄損傷に対するものであった。ヒトＥＳ細胞から分化させた神経系細胞であるオリゴデンドロサイト（神経軸索を取り巻いて保護する働きをするグリア細胞）を用いた脊髄損傷の臨床試験では、まず少数細胞移植による安全性確認のための治験第Ⅰ相では良好な結果を得たが、企業の資金難で中断していた。現状としては、その知財を買い取った別の企業によって治験が再開されつつある。この疾患の場合は、疾患モデル動物を用いた実験では、脊髄損傷部位に移植したオリゴデンドロサイトや神経前駆細胞などによって動物の運動機能が改善したとの論文が多数発表されているが、その治療効果メカニズムは必ずしも明瞭ではない。それに加えて、細胞治療に必要な細胞数は10億個とも試算されており、移植した細胞が患部に定着する効率も低く、最近では細胞をハイドロゲルに封入したのちに移植するなどの技術改良が進行中である。

これら以外に多能性幹細胞の活用が期待されている例としては、心筋梗塞などの心不全患者に対して、多能性幹細胞から分化させた心筋を移植する細胞治療があり、動物実験としては世界中で活発に行われている。この場合も必要細胞数が10億個程度と多いことと、移植したのちに患部への細胞定着効率が低いという問題があり、後者については、細胞をシート状にして貼り付けるなど改善が試みられている。心筋への分化誘導は比較的研究が早期から進展していた分野であり、世界ですでに効率のよい分化誘導法が多数発表されているため、展望は明るい。最近フランスにおいて、ヒトES細胞から分化させた心筋細胞を移植する臨床試験がはじまった。今後さらに改良が必要な点としては、心筋への分化程度が、多くの場合は未熟な機能しか持たない胎児の心筋に近い段階であることがあり、それを解決するために、移植した後で十分な機能を果たすことができる心筋を作り出すための分化誘導方法の改良が進んでいる。それに加えて、世界中で行われている基礎研究の場合は、体内で分化誘導に働いている成長因子など生体由来高分子を複数種類用いる分化誘導法が多く、たとえば心筋分化では4～5種類の成長因子を用いる方法が代表的だが、これを実用化の観点で考えると、実用化の段階では大量に必要となる成長因子の高品質生産には、品質安定性やコスト高などの問題が大きい。これに対して、筆者らが最近成功した方法は、成長因子をまったく使わず、すべて低分子化合物で代替する方法であり、これなら品質安定で低コストの分化誘導が可能になる。

最後の例としては、肝硬変など肝不全の細胞治療である。この場合、治療メカニズムは明確で、体内の毒物代謝の主役である肝臓組織を患者の血液循環に組み入れればよく、実際に体外装置を血流に連結する方法で一時的な肝不全の改善も行われている。しかしながら、多能性幹細胞を活用する場合、一般に内胚葉組織の分化誘導が容易でないことが問題である。これは、哺乳類の胎児において肝臓や消化管など内胚葉組織の分化過程が多段階で複雑であることに関係している。しかも、肝細胞については、細胞集団の3次元的な構造が機能発現に不可欠であり、たとえば成人の肝臓から肝細胞を得て、通常の培養皿などで平面培養を行うと、すみやかに肝細胞の薬物代謝機能が失われてしまう。さらに肝不全の治療には10億個以上の細胞数が必要と考えられている。しかしながら、世界中で研究が進んでいることから、いずれ満足できるレベルの代謝機能をもつ肝細胞を分化させることができるだろう。それさえクリアできれば、もともと治療効果のメカニズムが明確であり、しかも毒物代謝の役割を果たす細胞は体内の血流とつながっていれば理論的には体内のどこに移植しても効果が期待できるので、この場合もインスリン細胞の場合と同様に、肝細胞を透過性カプセルに封入した肝デバイスのようなものが開発される可能性もある。さらに、肝移植治療の知見では、免疫拒絶反応が例外的に弱いことも知られている。

以上のように、さまざまな難病治療のための細胞リソースとして多能性幹細胞に期待が寄せられ、世界中で研究開発が進んでいる。疾患によって、治療メカニズムが明確かどうか、必要細胞数のオーダー、分化誘導法の確立の進み具合、細胞移植が容易かどうか、などの点で進歩に差が出ている。

免疫拒絶への対応

最後に、免疫拒絶反応について述べる。まず基本的知識としては、世界の臓器移植に関わる医療関係者は、免疫拒絶反応という複雑で難しい問題に対応して、さまざまな免疫抑制剤の開発や投与方法などの経験とノウハウを蓄積してきた。したがって、ＥＳ細胞株や他人由来のｉＰＳ細胞株から分化させた細胞を移植する場合の、アロ型移植（自己ではなく他人からの移植）で拒絶反応が起きればすなわち移植治療が不可能という考えは、まったくの誤りで、世界中で提供者から患者への臓器移植が行われている実績が十分すぎる証拠である。しかも拒絶反応は有りか無しかの二者択一ではなく、臓器組織や移植部位によって強弱の程度の差があり、個人差もある。たとえば肝臓は、拒絶反応が軽度であることが知られている。さらに、透過性カプセルに細胞を封入すれば、免疫細胞の侵入を防げるので拒絶反応が起きにくいというメリットがある。それに加えて、治療コストを考えると、最も安定で品質がよいと考えられる単一の多能性幹細胞株を選んで、それから多数患者への移植に用いる細胞を大量生産して、品質を検定して、１回移植分の細胞集団に分けてパッケージし凍結保存して、各地の医療機関に流通させる、というスキームが、実用化という観点では最も実現性とコスト抑制が可能な、すなわちサステナブルな医療スキームである。いずれにしても、少数の多能性幹細胞株から大量生産して多数患者に移植し、拒絶反応は臓器移植のノウハウを活用して免疫抑制剤やカプセル封入などでコントロールするというのが、再生医療の実用化への第1段階であり最初の目標であるはずだが、じつはそれさえもはたしてどの疾患に対してどれだけ実現するか、まだ不透明な現状である。

それが成功したのち、次の段階として、拒絶反応をなくすのは難しいとしても、それを軽減するための手段がさまざまに試されることになる。移植免疫や拒絶反応には、自己細胞と他人由来細胞を識別するための細胞表面抗原である組織適合性抗原（ヒトの場合はHLA抗原）が関与していることが、長年の免疫学の進展によってわかっている。この組織適合性抗原の種類は数百以上の莫大な数があり、臓器や細胞移植の場合これらを完全にマッチングさせることは自己細胞を使ったオート型移植以外は不可能である。とはいえ、HLA抗原の中でも拒絶反応にどれだけ強く影響するかの程度はさまざまである。そこで現在、最も強く関係する3種類のHLA型だけ適合させた多能性幹細胞株、とくにiPS細胞株をバンキングして準備しておくという構想がある。しかしながら、治療が必要な患者が現れてから短い日数で細胞移植治療を実施するためには、多能性幹細胞株だけを、たとえば数十株準備しておくだけでは十分ではない。実際に細胞治療を行うには、どの細胞株が最適かを選んだのち、その多能性幹細胞から移植治療に必要な種類の細胞へと分化誘導させたのち、移植用細胞製品の品質評価を行うなど、準備期間が必要となる。あるいは、実際に必要とされるであろうさまざまな種類の細胞について、同様の移植用ストックを準備しておく場合はそのプロセス全体を試算すれば、おそらく実施が可能かどうか不明なほどの莫大な予算と維持経費が必要になり、慎重で現実的な判断が求められることになる。実際、このような複雑な状況を分析した総説が２０１５年になって発表され、それに加えて、コストと運用などの現実性を検討した論文では、少なくとも現状では実施困難と結論づけられている。

実用化が有望な免疫拒絶反応の軽減方法として、私が最も期待しているのは、抗原特異的免疫寛容誘導法の開発である。私たちの体に存在する自己抗原に対しては、抗体を作らないようにするしくみによって、免疫寛容が成立して拒絶反応が起きなくなっている。このしくみは複雑に調節されているが、その中心となっているのは、制御性T細胞とよばれるタイプのリンパ球であり、１９９０年代にはヒトにおける制御性T細胞の研究が進展した。この分野を主導したのは当時京都大学で研究していた坂口志文博士であった。このしくみをうまく利用して、移植用細胞または、それを作る元になる多能性幹細胞株がもつ抗原に対して特異的に免疫寛容を誘導できれば、免疫抑制剤のような免疫機能全体を抑制することによる副作用を起こさないで、細胞移植治療に対する拒絶反応の抑制が可能になる。これまであまり注目されていないが、この免疫分野での研究は持続的に進められており、最近発表された論文と総説を参考文献として巻末に挙げた。このようなドナー特異的免疫寛容誘導法が実用化されれば、当然ながら臓器移植などへの広範な活用が可能になるので、今後いっそうの進展を期待したい。

第8章
新薬開発への応用

多能性幹細胞の応用分野として、細胞移植による再生医療が注目を浴びているが、実際に確実に活用される分野は、新薬開発での候補化合物を見つけるためのスクリーニングに用いる疾患モデル細胞作成と、新薬候補化合物が心毒性や肝毒性を示す可能性についての毒性アッセイといった、いわゆる創薬分野である（図18）。多能性幹細胞の有用性として最大のものは、がん化していない正常に近い各種のヒト細胞を、均一な品質で無制限に供給できることである。細胞治療への応用と同じく、正常または疾患モデルに使えるヒト細胞の大量供給は、多能性幹細胞株の存在なしには不可能だったことである。

長期間の増殖が可能ということは、均一な性質をもつ細胞の大量生産だけでなく、各種の遺

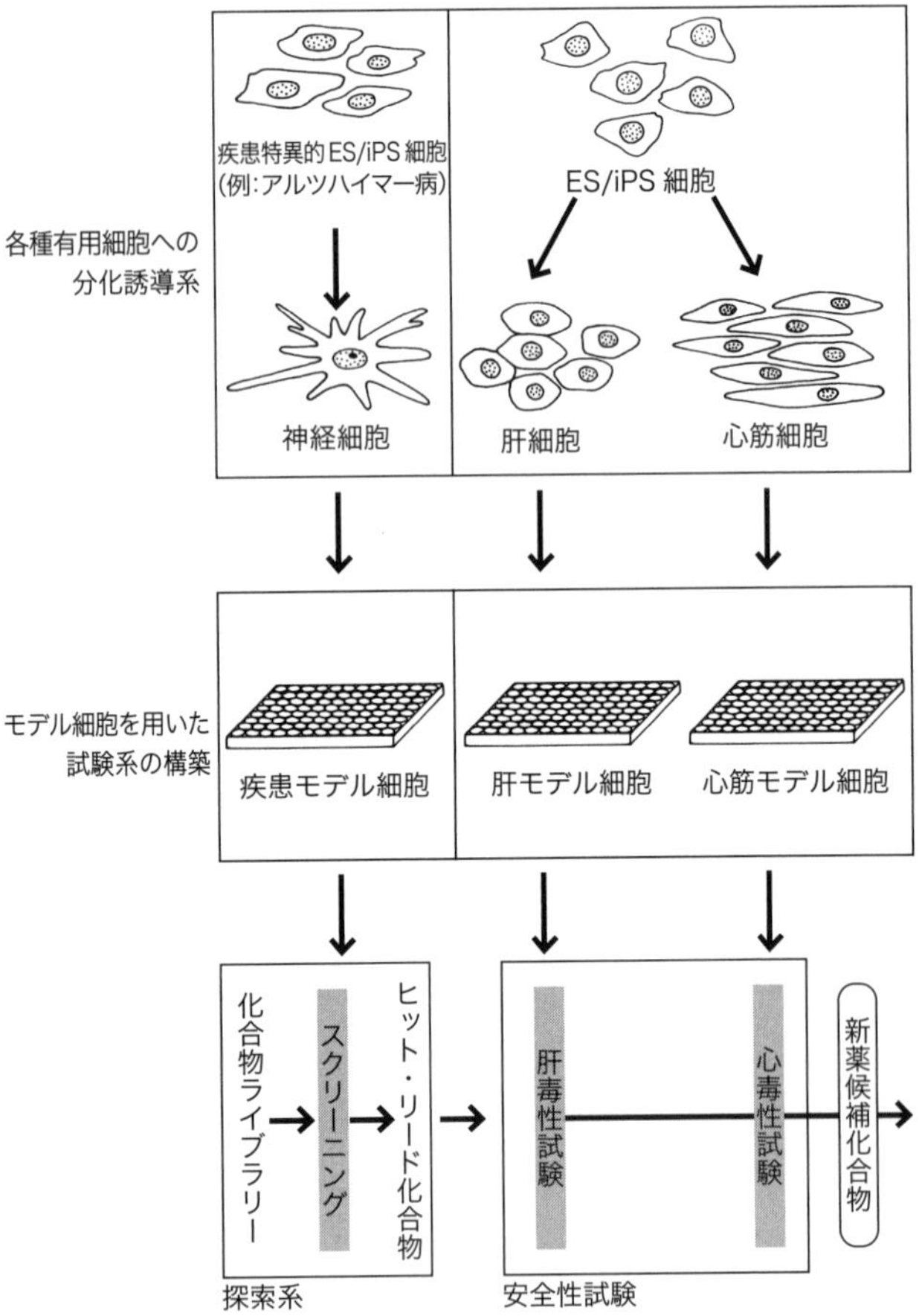

図 18　創薬応用を目指したヒト ES/iPS 細胞由来の疾患モデル細胞の作成と利用.
・探索系（疾患モデル細胞を用いたハイスループットスクリーニング）
・安全性試験（心筋モデル細胞や肝臓モデル細胞を用いた試験）

伝子改変も可能ということである。つまり遺伝子操作によって、最初は1個または少数の細胞だけで目的の遺伝子を導入した（あるいは変異させたり取り除いたりした）細胞について、目的通りの遺伝子改変が起きた細胞を選択的に増殖させることによって、多種類の遺伝子改変を加えた細胞株の樹立が可能になる。すなわち、無制限の増殖能をもつ多能性幹細胞を未分化で増殖させている間に、目的に応じて疾患原因遺伝子などの導入や遺伝子破壊などの改変を行えば、カスタムメイドのヒト細胞をデザインして生産し、活用することができる（図19）。

さらに体細胞の初期化によりiPS細胞株を作成できることから、特定の体質のゲノムをもつ個人から体細胞の提供を受けてiPS細胞株を樹立することにより、その個人のゲノムをもつ各種体細胞を生産できる。このことによって、遺伝性の難病患者や特殊な体質をもつ個人を含めた、多様な体細胞による新薬の開発や安全性アッセイが可能になるので、多能性幹細胞が新薬開発において、新たなスクリーニング方法の確立、安全性向上、コスト削減に貢献することは確実である。実際に、世界各国で多種類の体質のゲノムを集めた、創薬目的のiPS細胞株のバンキング構想があり、たとえばEUでは大手創薬企業、政府、および研究機関が力を合わせて多様な民族や体質を代表する巨大細胞株バンク構想が始動している。

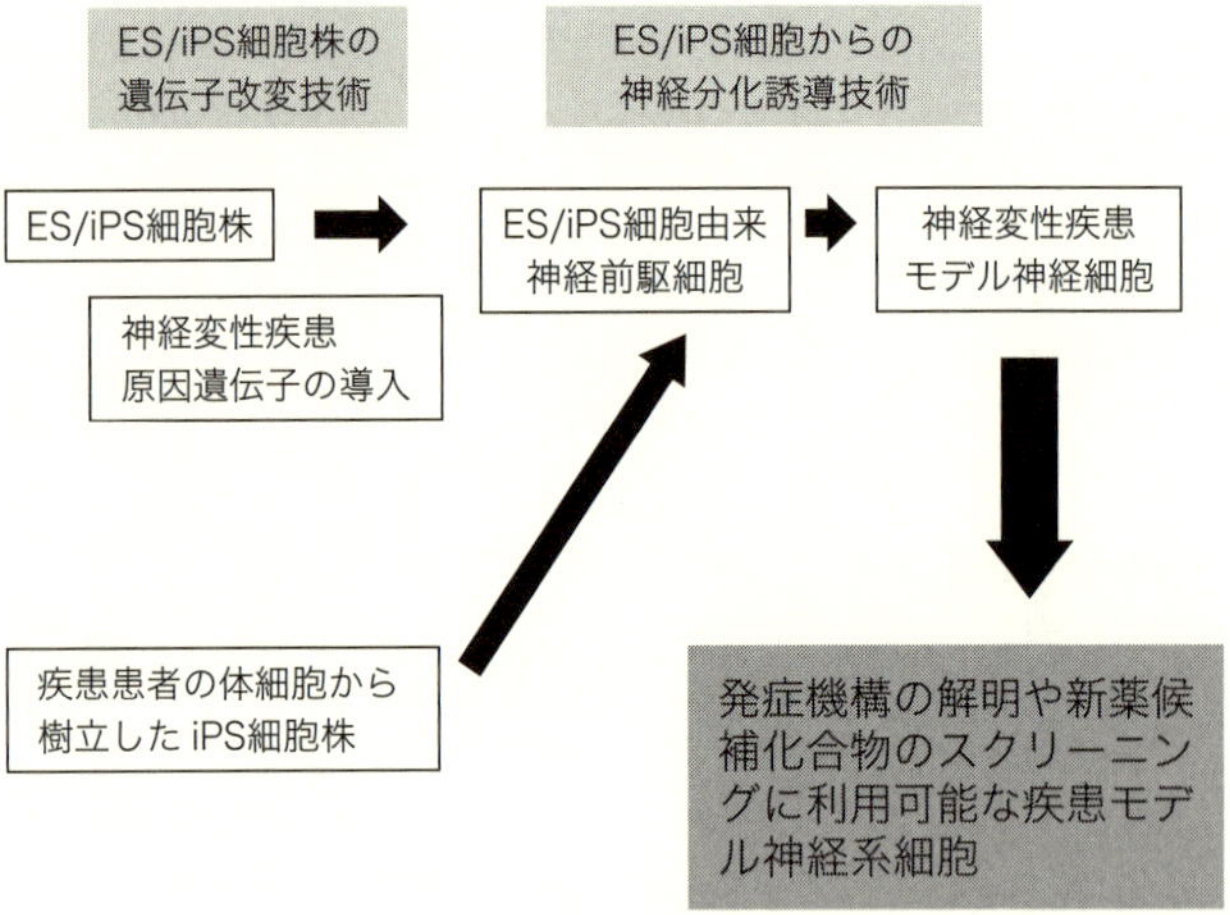

図19　ヒトES/iPS細胞からの神経変性疾患モデル細胞の開発.

新薬開発のプロセスとコスト

そもそも、新薬開発には莫大なコストが必要だが、新薬候補の開発が終盤まで進んだ段階、さらには臨床試験をクリアして販売開始した後でさえも、新たに見つかった副作用等の理由で開発中止や販売中止に追い込まれることも大きな原因である。その理由は、開発の中期における有効性や安全性のテストの際、人間のがん化細胞や実験動物は使うことができるが、正常および疾患モデルヒト細胞をこれまで使用できなかったことによる。したがって、十分にヒト細胞での有効性や安全性を確認できずに臨床試験に入ると、多くの新薬候補で有効性が不十分、あるいは心毒性や肝毒性を示してしまい、開発が中止されてしまう。さらには、臨床試験で有効かつ安全と判定され、販売がはじまり多数の患者が使用した後で、特殊な体質の患者での重大な副作用が見つかると、市場撤退や損害補償により、製薬企業は莫大な損害を受けることになる。このような新薬開発の困難さと、1千億円ともいわれる高コストは、エジプトのピラミッドを現在の世界で建設すること、あるいは宇宙飛行士を月に送ってさらに地球に帰還させることに匹敵するともいわれている。

このような新薬開発の難しさを一部とはいえ大幅に改善できるのが、多能性幹細胞の活用である。新薬開発には、通常は数十万種類の化合物ライブラリーから、効果のありそうな化合物を探し当てる（スクリーニングする）システム、いわゆるハイスループットスクリーニングを行う（図18参照）。このためには化合物を与えて効果を見るための、低コストで均質かつ大量に準備できる疾患モデル細胞が必要になる。多能性幹細胞が現れるまでは、ヒトのがん化細胞、動物細胞などが使われてきたが信頼性は低かった。それがヒトＥＳ細胞の出現、患者のゲノムをもつｉＰＳ細胞の出現、さらにスクリーニング目的に合致して蛍光などのシグナルを出すレポーター遺伝子を組み込んだデザイナー細胞などを組み合わせられるようになり、可能性が広がった。たとえば、アルツハイマー病に関連する異常を示す神経細胞を大量に作成し、その細胞の神経活動をモニターするための蛍光遺伝子などを組み込む。このような均一な性質をもつ疾患モデル神経細胞を大量生産して、マルチウェルプレートに並べて、そこに化合物ライブラリーから候補化合物をロボットで与えていき、神経活動を蛍光シグナルなどでモニターして解析すれば、疾患モデル細胞に治療効果をもつ可能性のある化合物候補を見つけ出すことができる。この候補化合物を出発点として、さまざまな化学的修飾を加えた多数の派生化合物を合成して、これらについて、治療効果がより高く見込める化合物を見つけ、これらを別のアッセイ系で評価する。こういったシナリオが現実になる日も近いだろう。

これが疾患モデル細胞による新薬候補化合物のスクリーニングであるが、新薬開発でもうひとつの重要項目は安全性アッセイである。新薬候補化合物が開発される途中や後期で、もしその化合物が疾患に対する治療効果をもつとしても、軽微ではない心毒性や肝毒性を示せば、そのままでは新薬開発は中断せざるを得ない。これが比較的早期に見つかれば、毒性を回避できる化学構造の改変を試みる余裕もあるだろう。いずれにしても、動物実験やヒトがん細胞などで毒性アッセイを行っても、信頼性には限界がある。肝毒性については他に代替細胞がないことから、製薬企業は死亡した提供者からの肝臓の凍結スライスを米国などから購入して肝毒性アッセイを行っているが、このような肝細胞は状態のよくない場合が多く、アッセイの信頼性も低かった。

近い将来に実現すると思われるのは、標準的なヒトの心筋や肝細胞を代表すると思われるヒトES細胞株由来の心筋および肝細胞を用いた新薬安全性アッセイの確立に加えて、多様な体質や民族のゲノムをもつiPS細胞株バンクを構築することによって、多様な体質特性を反映させた心筋パネルや肝細胞パネルを使った安全性試験である。これにより、多様な患者の使用を想定した安全性確保が可能になり、予期しない副作用によってはね上がる創薬コストの削減も可能になるだろう。

第9章

再生医療のための技術開発——大規模な細胞培養生産技術

最後の2章では、多能性幹細胞を実用化するために不可欠となる新技術開発の具体例を紹介する。幹細胞による再生医療の実用化、すなわち多数患者を対象としたサステナブルで手が届くコストでの治療の実現のためには、数多くの技術開発が必要であるが、その中で基本となる多能性幹細胞を大量に増やして生産する技術と、それを目的に応じて必要な有用細胞に分化誘導する技術について、私たちの研究成果を例に挙げて説明することで、今後どのような実用化技術の確立が必要であるかを理解してもらいたい。

再生医療に必要な細胞数

まず大量培養技術がなぜ必要なのかを考えてみたい。再生医療などへの応用においては、幹細胞の基礎研究に加えて、マウスなどの実験動物を使い、疾患モデル動物での細胞治療の試みなどが行われている。仮にある臓器疾患で、多能性幹細胞から分化させた細胞を移植して実験動物での治療に成功したとする。これを患者の治療に適用するためには、他の多くのハードルの前に、必要となる細胞数の問題がある。たとえば実験動物として最もよく使われるマウスとヒトの体重を比較すると、3千倍程度の差がある。ところが、一般的にマウスなど動物の細胞とヒトの細胞の大きさはあまり違わない。となると、臓器の体積も似た比率と考えると、マウスで成功した細胞治療を患者に適用するためには、少なく見積もったとしても千倍の細胞数が必要になることになる。

研究室における基礎研究や前臨床研究においては、伝統的で信頼できる培養器として、培養皿や培養フラスコが使われている（図20）。たとえば一般的に使われる培養皿の中で大型のものは直径10センチメートルのものであり、この中に培養液を10ミリリットル程度入れて細胞を培養する。ヒト多能性幹細胞を培養すると、この培養皿1枚で通常は数百万個の細胞数を得ることができるが、最大でも1千万個である。これより容量の大きな培養フラスコでも、その数倍の細胞数を得ることができるだけである。

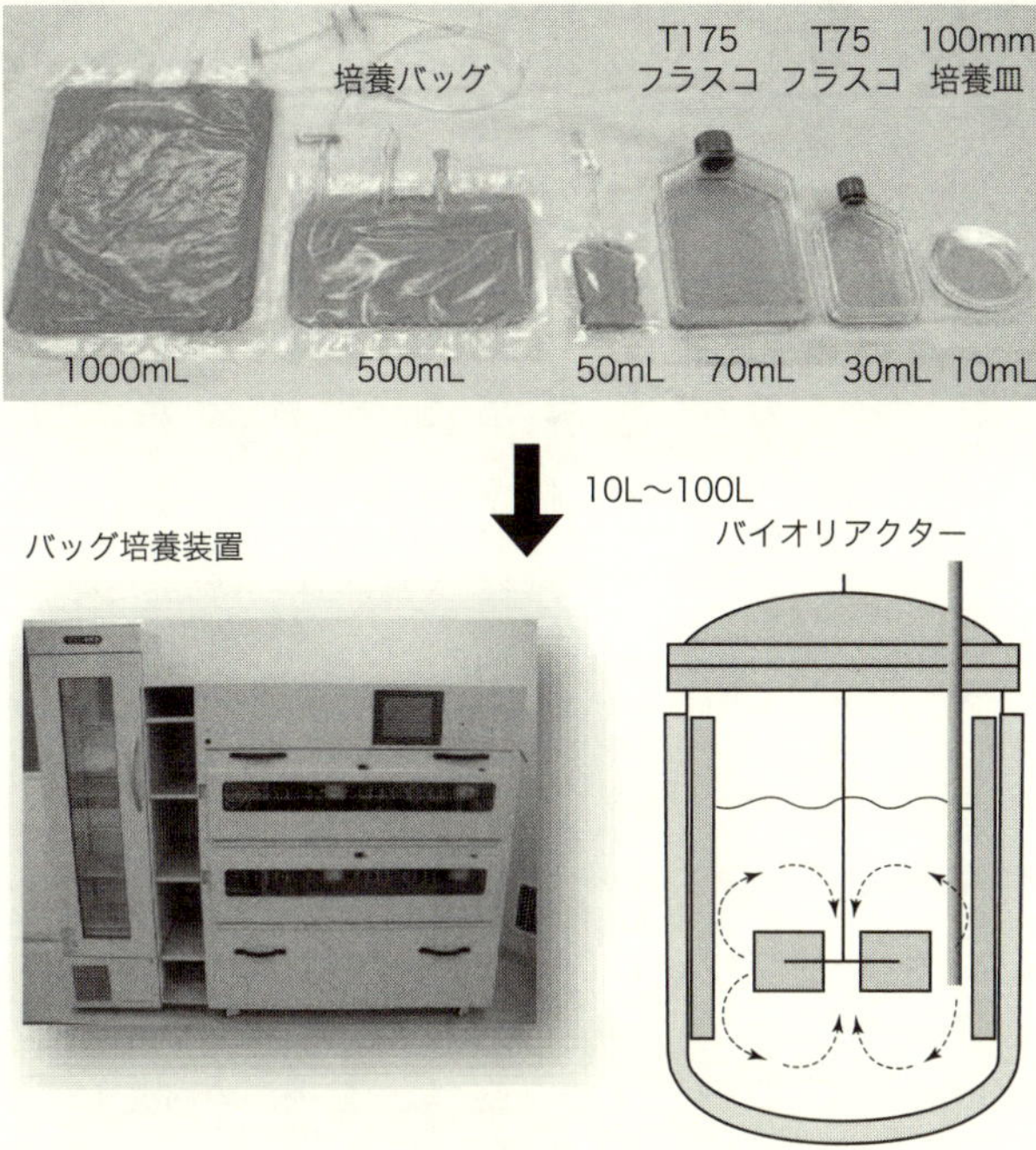

患者ひとりの細胞治療に必要と考えられる細胞数の予測

・網膜症（網膜色素細胞）：10の５乗個

・パーキンソン病（ドーパミン神経）：10の６乗個

・糖尿病（インスリン分泌細胞）心筋梗塞（心筋細胞），肝不全（肝細胞），脊髄損傷（神経系細胞）：10の９乗個

図 20　ヒト多能性幹細胞の大量培養技術の必要性.

ところが実際の細胞移植治療で予想されているのは、心臓や肝臓の細胞治療に必要な細胞数は患者あたり10億個である。これに必要な細胞数を得るには、培養皿を100枚並べて培養する必要がある。これが、実際に人間へ移植しない研究であれば、数人で頑張って多数の培養皿を扱えば不可能ではない。しかしながら、臨床応用のためには、前臨床研究とは比較にならない高度な品質管理と品質保証のハードルが存在する。臨床応用のための細胞製品における品質管理とは、生産する細胞がすべて、不純物や毒物や病原体による汚染がなくて、つねに一定の品質であることが保証されていることであり、臨床応用には必須である。仮に100枚の培養皿や培養フラスコで培養すれば、培養皿や容器ごとに細胞の品質のばらつきが生じる可能性が存在するので同一とは保証できない。この場合にやっかいなのは、生きて増殖する培養細胞がもつ自発的な性質の変化であり、同じ細胞数を同じ培養液で培養しても、培養皿ごとに少しずつ細胞の増え方やコロニーの大きさにばらつきが見られることである。この点、物理化学反応などの単純な化合物の系では、もっと安定した再現性のある現象が起きると期待されるが、細胞集団はそれ自体が自己制御を行って環境を自ら改変してそれに反応するという、生き物が備えている本質的な特性をもつ存在である。すなわち、細胞生物学や分子生物学が進歩した現在でも、人間は1個の細胞の中で起きることを完全には理解していないし、今後もその細胞で起きることを完全には予測できないということを、私たち科学者や医学者は自戒とする必要がある。

本題に戻ると、多能性幹細胞の応用のためには、ひとつのバッチ（単一の大きな培養容器など、その中で培養されて生産される細胞集団が均一の特性をもつ単一集団であることを保証されている集団）として、大型容器で培養増殖させる必要がある。これに向けて、私たちは培養皿やフラスコに代えて、プラスチック製の培養バッグによる多能性幹細胞の培養をニプロ株式会社と共同開発した（図20参照）。すなわち、ガス透過性膜で作られた、たとえば1リットル容量の培養バッグの全面というか上下面に細胞を接着させて培養すれば、1億個に近い多能性幹細胞を増殖させることが可能である。これら培養バッグの利点は、細胞接着面の広さだけではなく、外部からの汚染リスクが低い閉鎖系であり、チューブで連結したポンプなどを使って、培養液の排出や注入を手作業ではなく機械的に自動化できることも実用面では大きなメリットになる。

2次元の平面培養から3次元培養へ

しかしながら、従来の方法である接着培養を行っている限りは、やはり限界に直面する。まず、細胞が接着するための表面積を極端に大きくすることは、現実の培養容器として非常に難しい。この点に関しては、2次元的な平面培養ではなく、3次元的な空間を活用するのが格段に有利である。この方向ですでに実用化している大量培養方法では、接着細胞をプラスチックなどの素材で作られたキャリアビーズの表面に接着させて、それを撹拌培養タンクで培養する、バイオリアクターが使われている（図20参照）。しかしながら、ヒト多能性幹細胞は撹拌に伴う物理的なズレ応力に弱いことから、通常のバイオリアクターをそのまま適用することはできない。もうひとつの問題点は、細胞が接着するためには、最適な接着分子で覆われた接着面を用意する必要がある。この接着分子については、臨床応用のためには、不純物などを含まず完全な既知成分であることが必要で、当然フィーダー細胞やマウスがん細胞株が分泌した細胞外基質であるマトリゲルは使えない。現在有望なのは、血清からの精製ではなく遺伝子組換え技術で生産したラミニンやビトロネクチン、私たちが開発したラミニンフラグメント、あるいは合成ペプチドなどを含む合成基質である。いずれにしても、これらの細胞接着分子の品質安定性とコスト高が実用化の障害になる可能性がある。

以上のように、細胞が接着するための大きな表面積を用意して大量培養する方向には、根本的な問題と限界が存在する。そこで有望視されているのが、浮遊培養である。ヒト多能性幹細胞の小さな細胞塊を作らせると、この状態で数日間増殖を続けて細胞塊が大きくなる。そのままだと、細胞塊が大きくなりすぎて、内部で自発的分化や細胞壊死が起きてしまう。そこで、定期的に、大きく育った細胞塊を小さな細胞塊に砕く必要がある。じつは初期胚の中では多能性幹細胞は細胞同士で接着した塊を作っているので、この浮遊培養のほうが本来の細胞環境に近いとも考えられる。

このように有望な浮遊培養法も、私たちが数年前に研究開発をはじめた時点では、いくつかの大きな問題点があった。まずは細胞塊同士が自発的に接着融合して大きな塊を作る傾向があるので、意図しない自発的分化や壊死が起きてしまうこと。もうひとつは、大きな塊から小さな塊へ砕く継代とよばれる操作を、細胞間接着を解離する酵素処理によって行う場合は、いったん細胞集団をバラバラに解離したのち再凝集させる手順が取られるため、継代ごとの細胞ロスが大きく、細胞凝集塊の大きさも一定ではなかった。これらを解決するために私たちは、細胞培養液に無害な多糖類ポリマーを加えて細胞塊同士の接着を抑制して、継代には酵素を使わず、単純にナイロンメッシュを通すことで、あたかもところてんを作るように小さな塊に砕くことができた。まさにシンプルであることがベストである。

このようにして、細胞を接着させるための表面を用意せずに、直径約200ミクロンの細胞

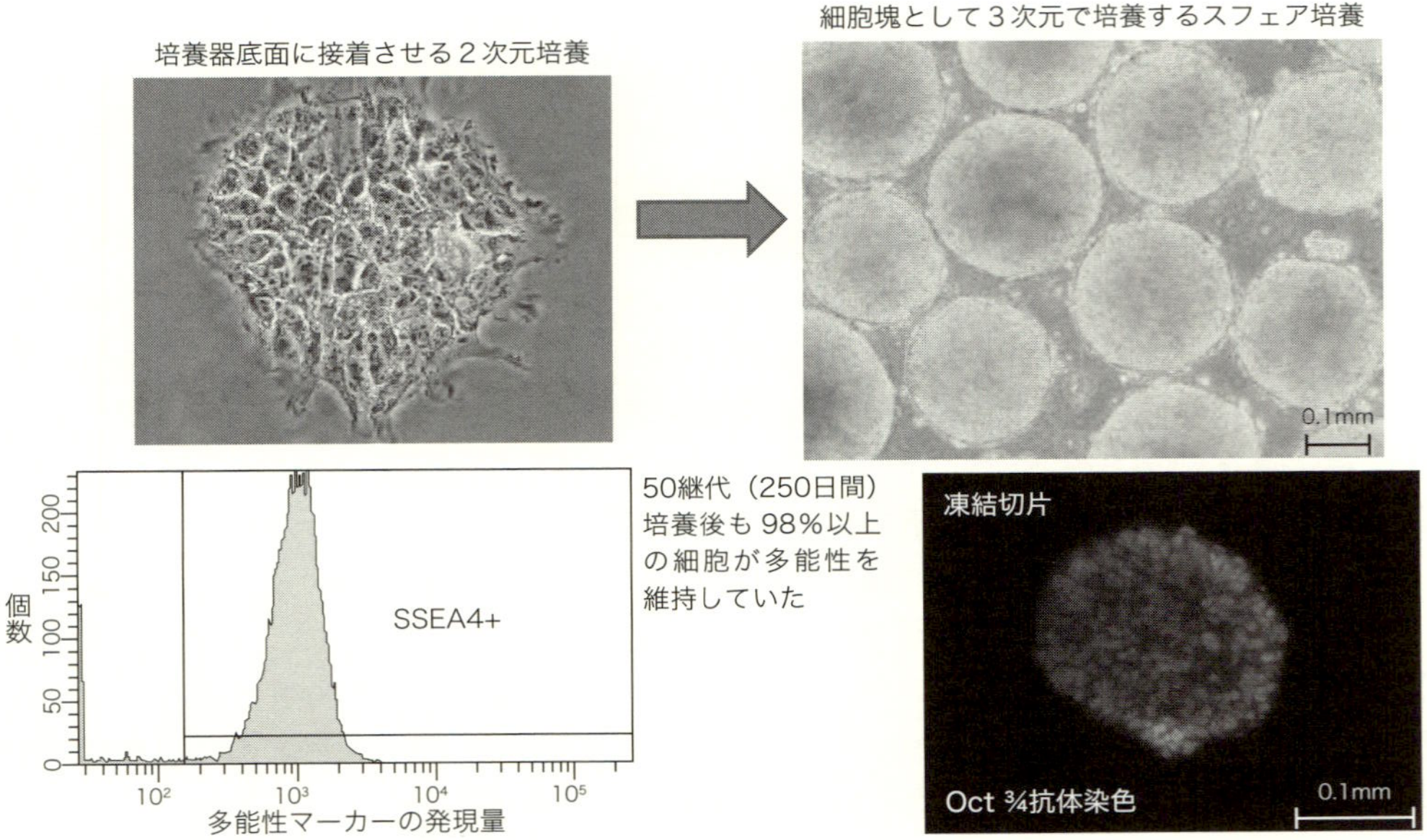

図21　多能性幹細胞の大量培養方法を確立するための，従来型の2次元平面培養から3次元培養法の研究開発．

塊として多能性幹細胞を継代培養することに成功した（図21）。しかしながら、これだけでは細胞塊は培養器の底に沈んでしまい、本当の意味での3次元培養ではない。それでは現在使われているようなバイオリアクターで撹拌すればよいということになるが、すでに述べたように、ヒト多能性幹細胞は特別に撹拌などの物理的力に弱くて、多数の細胞が死滅することがわかっている。そこで私たちは、撹拌力を弱くして何とか妥協点を見つける方策ではなく、まったく新しい3次元化技術を開発した。これも化学企業である日産化学工業との共同開発であるが、ある微生物が合成分泌する多糖類ポリマーにジェランガムとよばれるものがある。これが特別の物理化学的特性をもっていて、０・０２パーセント程度の低濃度でも、細胞塊のような小さな粒子が沈降するのを阻害してくれる。沈まないというと、通常は粘性が高くなったり、ゲル化して粒子の沈降が止まることを想像するが、この場合は培養液の粘性はほとんど増えず、ゲルを形成するでもなく、通常の培養液と同じような液体状態であるにもかかわらず、なぜか小さな粒子が沈まず培養液の中に拡散したままで数日間以上沈降しない（図22）。そこでこの不思議な特性を利用することによって、ほとんど撹拌しなくとも、多能性幹細胞を小さな球形細胞塊として3次元的に継代培養することに成功した。これを私たちはスフェア培養法と名づけて２０１４年に論文発表したところ、大量培養に興味をもつ世界各国の研究者やバイオ企業が関心を寄せている。このスフェア培養法については、ＪＳＴサイエンスチャンネルに動

Gellan Gum

0.00%　0.01%　0.015%　0.02%

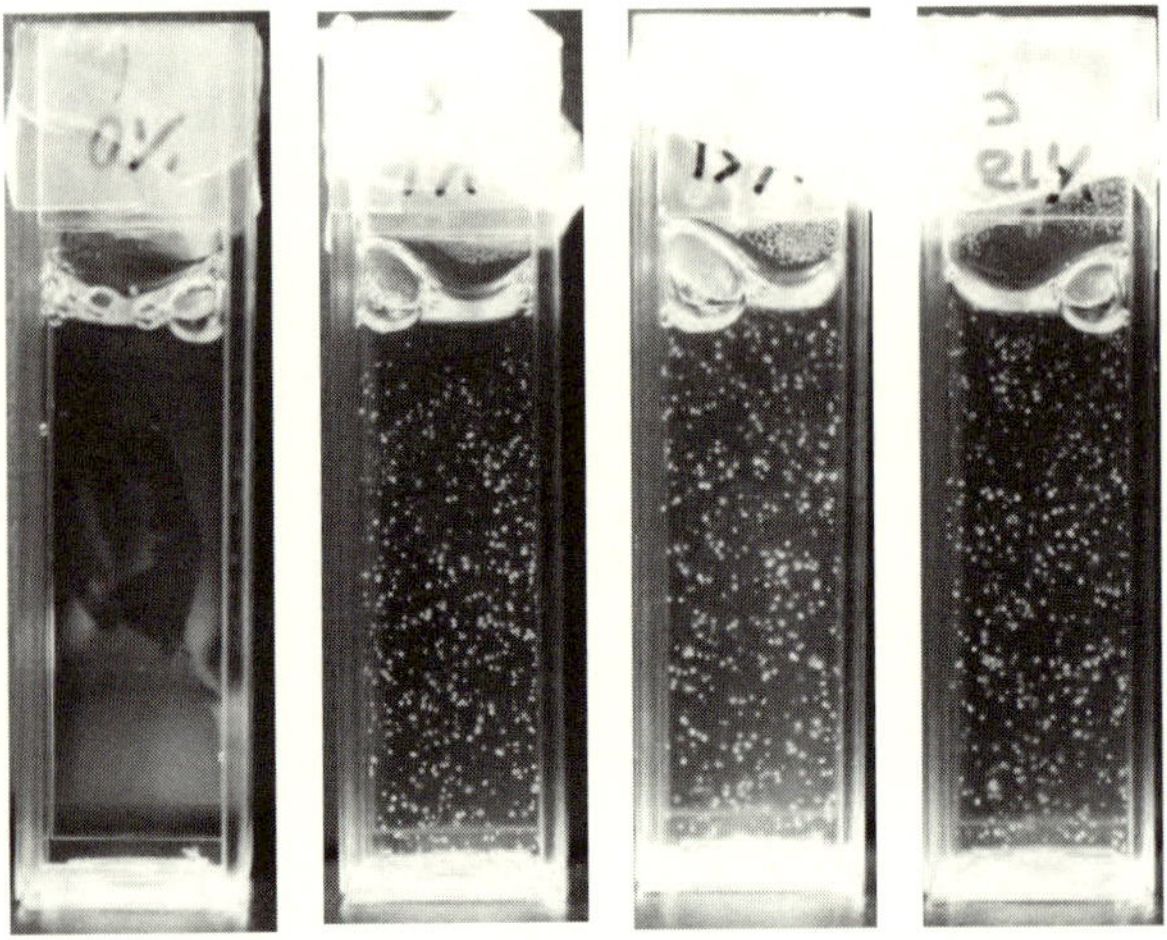

1日以上沈まないヒトES細胞のスフェア培養

図22　多糖類ポリマー（ジェランガム，Gellan Gum）は低濃度でも，培養液の粘性を高めたりゲル化したりすることなく，細胞塊などの小粒子の沈降を止めるので，これまでに類のない新規な3次元培養法を開発できた．

画が掲載されている。

スフェア培養法の有用性

このスフェア培養法による継代培養を数か月や半年間以上続けても、いままで試したすべてのヒトES細胞株とiPS細胞株を順調に増殖させることができて、その増殖生産速度は、これまでスタンダードとなっている平面培養とほぼ同じ速度である（図23）。そしてほとんどすべての細胞が多能性を維持して、染色体も正常を保っていることを確認した。さらに多分化能をもつことも確認できた。私たち自身が実験室で試すことが可能な大量培養に向けたトライアルとして、ガス透過性の培養バッグで200ミリリットル容量のものを用いて、実際に継代培養が可能であることを確かめたが、この場合は1～2億個の細胞を生産できることを確認した（図24）。この細胞数は10センチメートル培養皿であれば20枚以上が必要なのに、たった1個の培養バッグで同じ数の多能性幹細胞を、均一な細胞集団として考えることができる単一のバッチとして生産できたことになる。さらにこの培養バッグを1リットル容量にすることは技術的に容易であり、その場合は10億個の細胞を単一バッチとして生産できることになる。

私たちは次の目標として、さらなるスケールアップを目指している。多能性幹細胞を使った

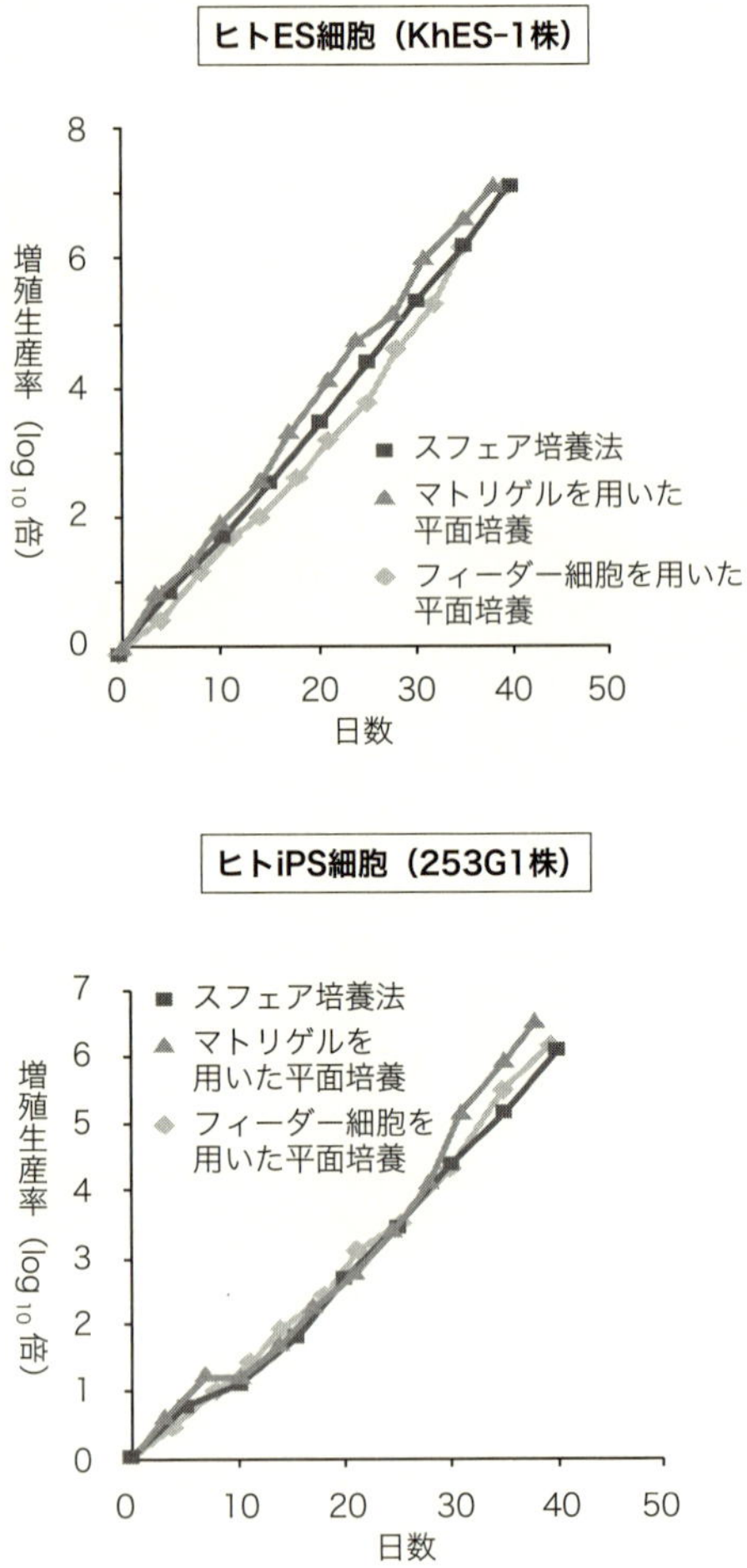

図23　5日ごとに継代するスフェア培養法（尾辻ほか，*Stem Cell Rep.* 2014）をヒトES細胞株やiPS細胞株で試したところ，従来の平面培養と同じ増殖生産速度を実現できた（1か月で1～10万倍に増殖）．

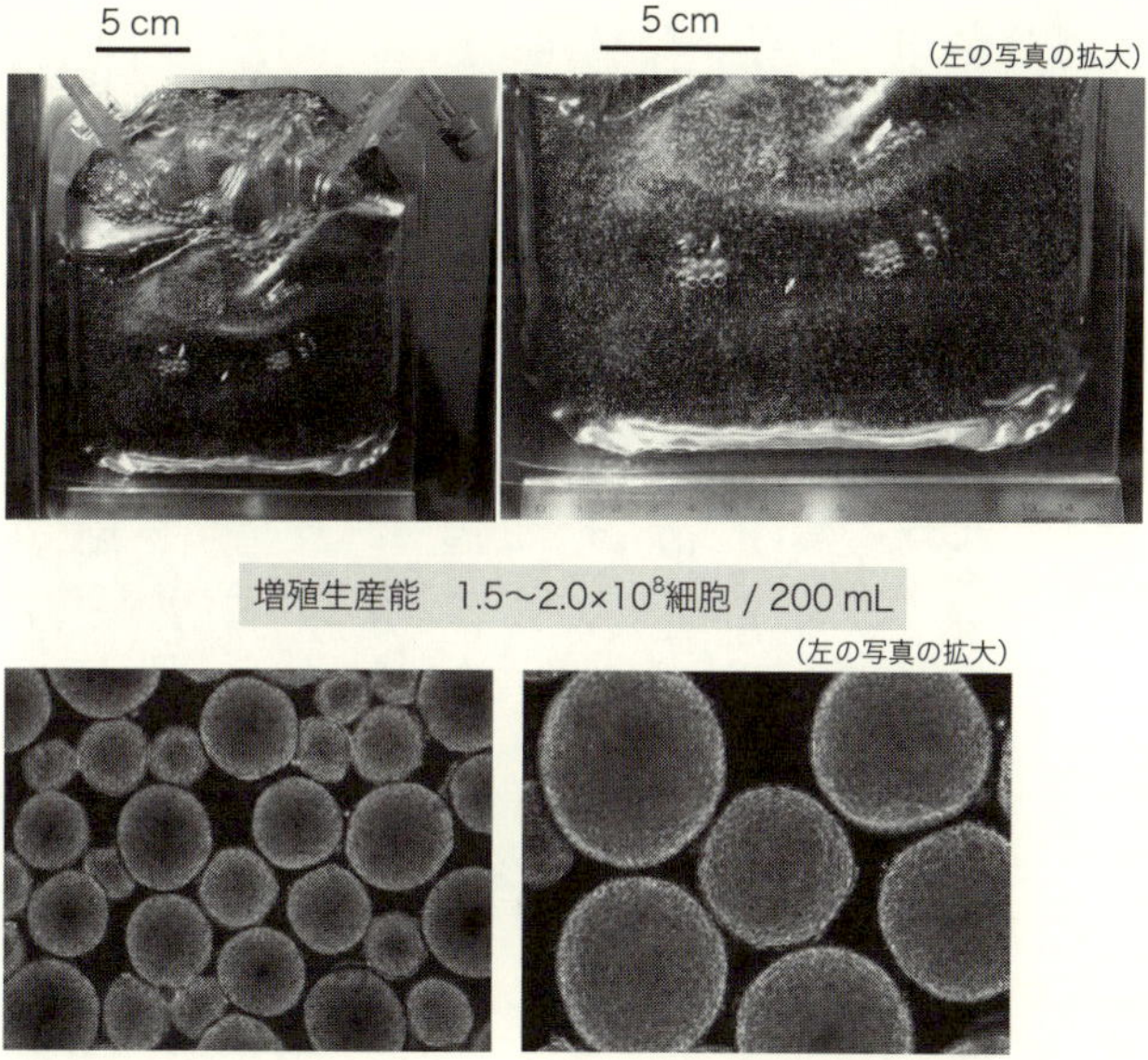

図 24　ヒト ES細胞株のスフェア培養を，ガス透過性膜で作った 200 mL 容量の培養バッグで行ったところ，1～2 億個の ES細胞への増殖に成功した．

再生医療の実用化には、たとえば患者ひとりあたり10億個の細胞移植が必要な場合は、理想的にはその10倍から100倍数の多能性幹細胞、そしてそれを分化させた移植用細胞を生産する必要がある。なぜなら、移植用の最終産物である細胞集団の性質やがん化リスクの検定に必要な分を見越して、多めに準備しておかねばならないからだ。たとえば100億個の細胞を単一バッチとして生産したのち、その一部を使ってゲノムやエピゲノム検定、病原体や毒物の汚染がないことの検査を行うことになるが、これらの検査にはそんなに多数の細胞サンプルを使う必要はないだろう。しかしながら、この細胞製品ががんを起こすリスクを検定するには、たとえば100万個以上の細胞を免疫不全マウス数十匹以上に移植して6か月程度経過してから全匹を詳細に組織検査して、がん発生の兆候がないかどうかを確認する必要があると考えられる。臨床試験からはじまる応用さらに実用化には、非常に厳密な品質と安全性の検査を監督機関が要請すると予想される。となると、患者ひとり〜数名分だけのバッチスケールで細胞生産する方法では、最初の少数患者での臨床研究は可能かもしれないが、その後の治験、ひいては多数患者への実用化は不可能ということになる。したがって、私たちは現在、数十名以上の患者への移植に十分なスケールの細胞生産システムを目指した技術開発を企業と共同ではじめている。目標は千億個スケールの細胞生産であり、100リットルのバイオリアクターへの3次元スフェア培養法の応用を目指している。

第10章

再生医療のための技術開発

——化合物による安定で低コストの分化誘導技術

多能性幹細胞の実用化に必要な技術開発として、前章では治療に必要な大量の多能性幹細胞を生産するための3次元培養法について述べた。次に必要な技術は、多能性幹細胞から使用目的に応じて必要な機能細胞を分化誘導して、効率よく、信頼性高く、高品質の細胞を大スケールで生産する技術である。もちろん、これまで長年にわたって、心筋、肝細胞、神経系細胞、インスリン分泌細胞、血球などの有用細胞への分化誘導方法が世界中の研究者によって研究開発されてきている。

私たちは、それら有用細胞の中でも、新薬開発において安全性アッセイの中心であり、細胞治療では患者ひとりあたり10億個とも推定される多数の細胞生産が必要な心筋細胞への分化誘導を長年研究してきた。とくに最近力を入れているのは、成長因子など生体内で働くタンパク質の分化誘導分子を使う従来の方法ではなく、今後の実用化のために、安定した品質で大量生産可能な低分子化合物だけを使った分化誘導法である。最近私たちが確立した方法を、臨床応用に不可欠となる品質安定性とコスト削減の両方を満足させる、今後の実用化に最適な技術開発の例として紹介する。

従来の分化誘導に用いる培養液は、生体内で働く分化制御因子としての成長因子を複数組み合わせたり、培養液に動物の血清成分を加えたりしているため、臨床応用に最適ではなかった。これは、従来の分化誘導研究の大部分が、胎児の体内で臓器や組織が形成される際に起きる分化誘導のしくみを培養下で再現することが目的の基礎研究だったので、当然の方向性であったといえる。しかしながら、タンパク質である成長因子を臨床用に使う場合には、遺伝子組換え技術を用いて、そのタンパク質を作る遺伝子を、大腸菌や酵母菌、あるいは培養細胞などに組み込んで、培地中に分泌されたものを精製純化する方法が取られる。この場合、成長因子としての機能を果たすために、タンパク質のアミノ酸配列だけでなく糖鎖修飾も重要な場合には、それを再現するのに酵母では不十分であることが多い。そのため、大量培養が容易ではなくコスト高ではあるが、ヒト細胞株に遺伝子導入して、それをバイオリアクターで大量培養して、培地中に分泌されたものを精製する必要がある。もし幸運にも糖鎖修飾が重要でない場合は、酵母菌などでも生産可能であり、その生産コストは細胞培養による生産に比べて大幅に削減できる。しかしながら、いずれにしても、臨床に使えるレベルの生産にはコストがかかるし、品質面でもつねに一定とは限らないリスクがある。

化合物ライブラリーのスクリーニング

そこで、私たちは10年以上前から先進的に、多種類の低分子化合物を集めたライブラリーから心筋への分化誘導作用をもつ化合物の探索スクリーニングを行ってきた。現在では世界中で行われている研究開発方法ではあるが、10数年前には私自身も本当にこんな方法で見つかるのかと懐疑的であった。まずは、心筋分化が起きたときにそれをすばやく定量的に検知するために、心筋特異的遺伝子の発現制御部分によってオン／オフされる蛍光タンパク質レポーター遺伝子を、カニクイザルＥＳ細胞株に組み込んだ。なおマウスとヒトのＥＳ細胞にはかなりの相違点があるが、ヒトとサルのＥＳ細胞は非常に類似している。このようなレポーター遺伝子は、多能性幹細胞に組み込んでさまざまな目的に活用できるが、今回の場合をもう少し説明する。ＥＳ細胞が心筋細胞へ分化をはじめたときには、心筋で発現している特異的遺伝子の発現スイッチがオンになる。これを制御するＤＮＡ部分はプロモーター部分とよばれる。この

DNA部分を合成して、緑色蛍光を出すGFPタンパク質を生産する遺伝子に連結して細胞に組み込んでおくと、心筋分化がはじまったときには、心筋特異的遺伝子と同様にGFP遺伝子が発現して、その細胞は緑色蛍光を出すのですばやく検出できる。このようなレポーター遺伝子を、サルES細胞の染色体に組み込ませる実験を繰り返して、心筋分化の場合だけGFP遺伝子発現が起きる遺伝子改変ES細胞株を作ることに成功した。この細胞株を使って、心筋細胞への分化誘導効果をもつ化合物のスクリーニングを行った（図25）。

実際には、画像解析を自動的に行うイメージングシステムを組み立て、約1万種類の化合物ライブラリーについて、数か月間スクリーニングを続けたところ、その中から細胞の蛍光を増加させる数種類の化合物を見つけた。これらについて、化合物の化学構造をさまざまに変化させた派生化合物を合成して、さらに効果の大きなものを見つけて、KY02111と命名し、2012年に論文発表した。多能性幹細胞の分化誘導法では、一般的には使用する細胞株の種類などの条件に応じて効果が大きく変化する再現性の難しい例も多いが、私たちが発見した化合物については、いわゆるロバスト性が非常に高く、試みたすべてのヒトES細胞株やiPS細胞株だけでなく、サルおよびマウスES細胞株でも同様の効果が見られた（図26）。いずれの場合も90パーセント以上の高効率で心筋分化を数週間程度で起こすことができた（図27）。

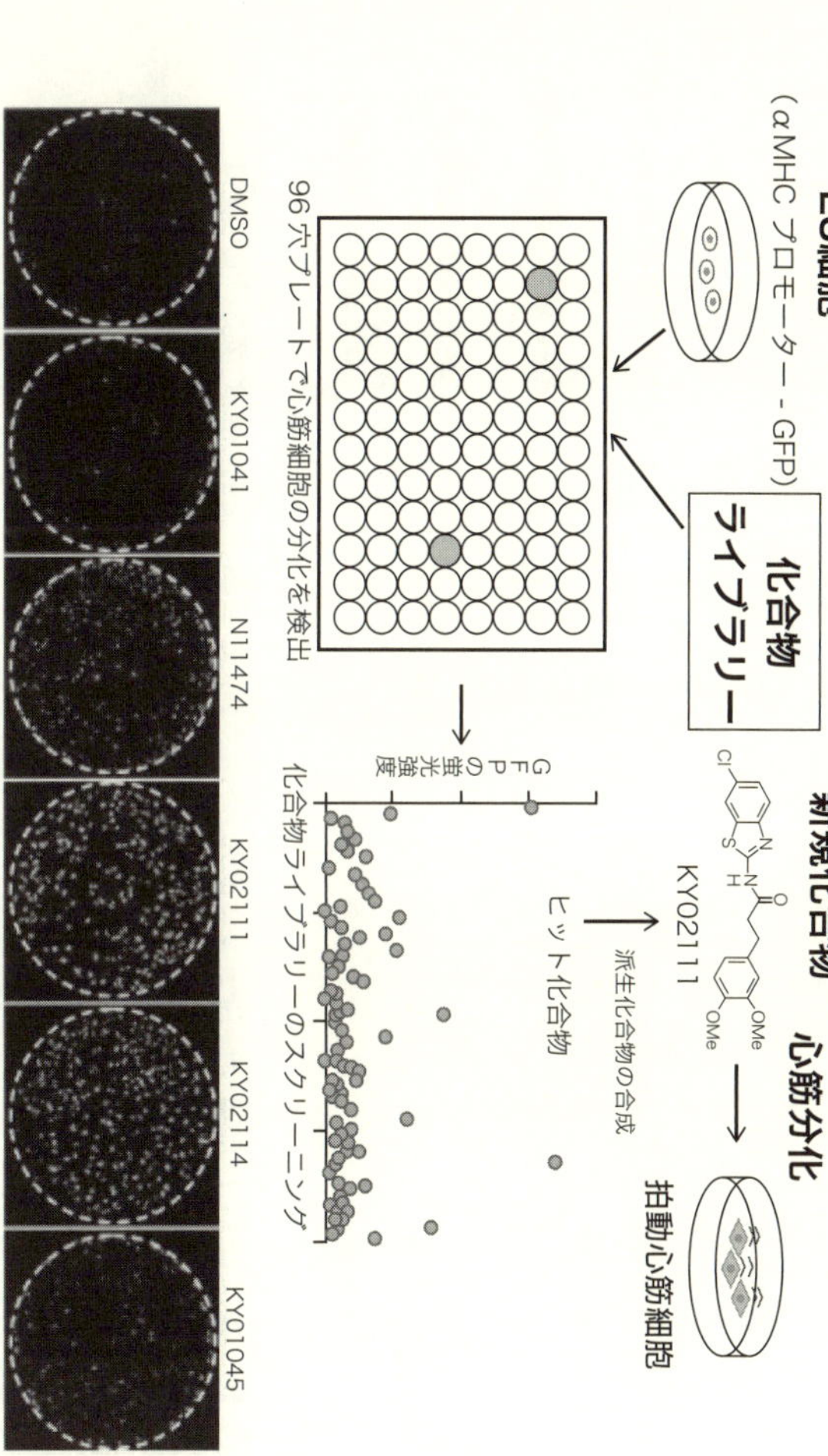

図25　心筋特異的に発現する蛍光タンパク質遺伝子を組み込んだES細胞株を作成して，化合物ライブラリーをスクリーニングすることによって，多能性幹細胞から心筋分化を高効率で誘導する低分子化合物を発見した．

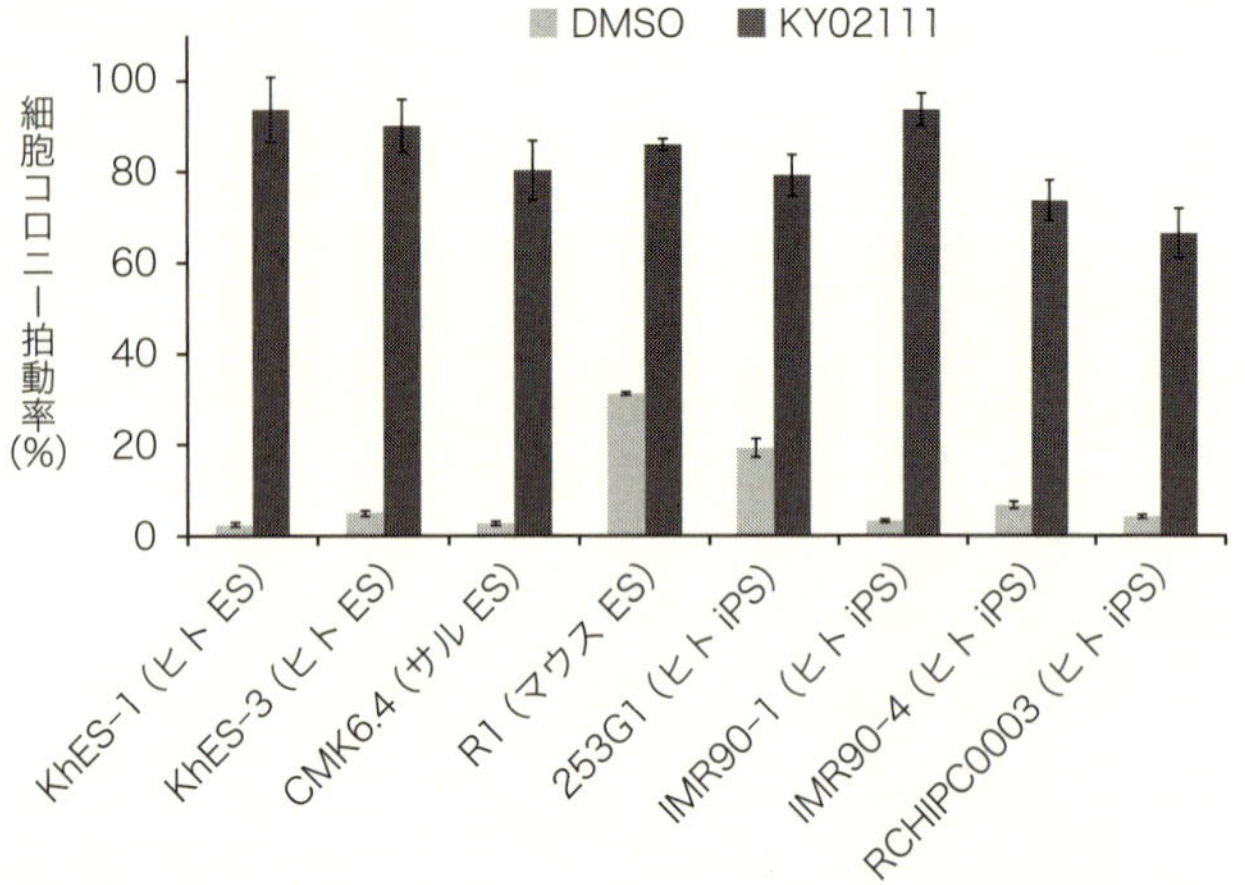

図26　多種類のES/iPS細胞株でKY02111は心筋分化を高率で誘導する．化合物入り（■）と溶媒DMSOのみ（■）の比較．

化合物を使った分化誘導

具体的な分化誘導法は、多能性幹細胞を出発点として、2段階の分化誘導培地に移すことで行う（図28）。第1段階は私たちの研究以前に報告されていたシグナル制御化合物を3種類与えることで中胚葉細胞に分化させ、その直後に**KY02111**化合物を与えることで、合計数週間後には効率よく心筋を作り出すことができる。この分化誘導方法は私たちの研究室で南一成博士によってさらなる改良が進行しており、すでに**KY02111**を改良した次世代化合物を使っている。こうして分化した心筋細胞について、その性質を詳しく調べると、従来の分化誘導方法で得られていた胎児段階の心筋よりも、機能の面で成熟しており、成人の心筋にはまだ到達していないものの、新生児から小児の心筋に相当

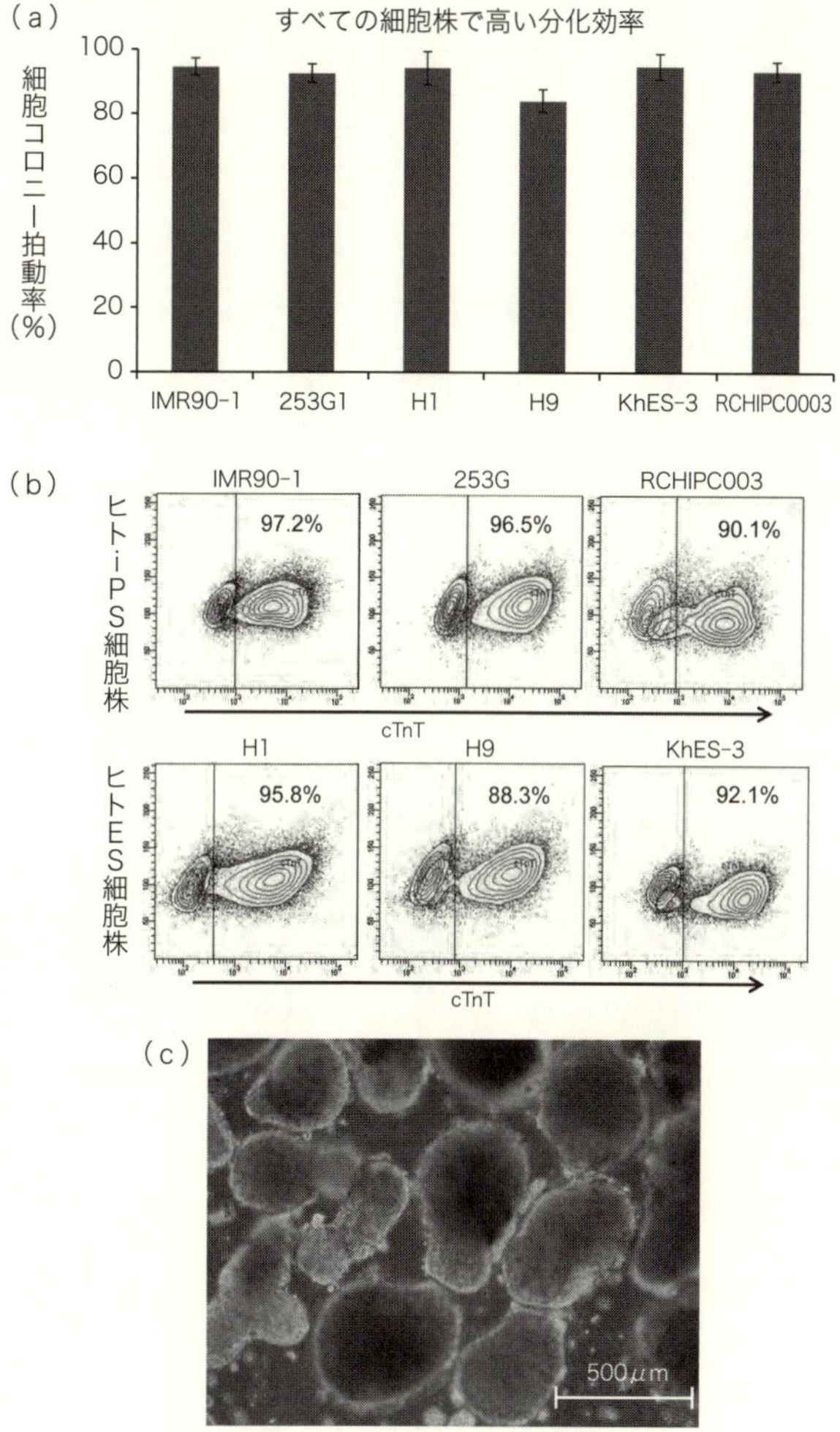

図 27　ヒト ES/iPS 細胞株からの高効率の分化誘導法による心筋細胞の割合.
(a)拍動率, (b)心筋細胞数の解析結果, (c)拍動心筋コロニー.

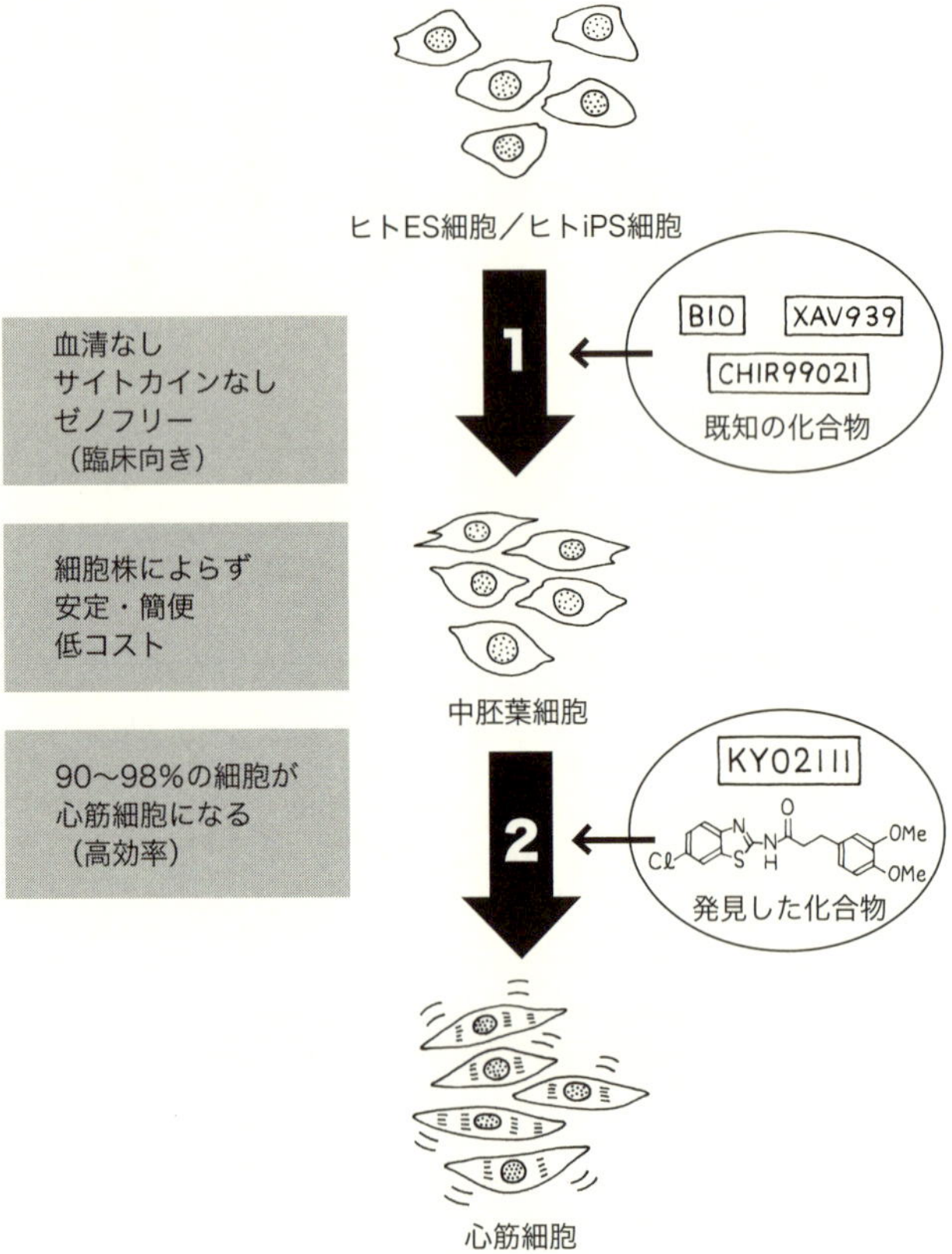

図 28　低分子化合物を用いた心筋分化誘導（南ほか, *Cell Rep.* 2012）は, 多能性幹細胞から中胚葉への分化誘導と, 次に心筋への分化誘導の２段階からなる.

する、機能性の高い心筋であると考えられる。大部分は心室筋の性質をもっており、これは新薬安全性アッセイや心不全の細胞治療に役立てることができる最適な心筋タイプである。それに加えて少数ではあるが、心房に存在して心臓全体の収縮リズムを作り出しているペースメーカーとよばれる心筋細胞も分化してくる。

化合物による分化誘導方法の有用性

このように作成した心筋細胞を利用すると、開発中の新薬候補化合物が心臓への副作用を示すかどうかをテストするための心筋モデル細胞として利用できる。たとえば、過去に新薬候補として開発されたが不整脈を起こすなどの心毒性をもつことが判明して市場撤退を余儀なくされた薬物は、従来の新薬開発手順では、臨床前の動物実験などでは副作用を検出できなかったことになる。このような薬物を私たちが分化誘導したヒト多能性幹細胞由来の心筋に作用させたところ、心毒性の代表的兆候であるＱＴ延長という心筋への効果を検出することができた。つまり、私たちが分化させた心筋細胞は、成人への心毒性をあらかじめ検出できるような機能性心筋に成熟していることになり、新薬開発の安全性アッセイに有用であるとわかる。

実用化の観点からはコスト面の検討も重要である。細胞治療が注目され期待される一方で、実際に多くの患者にとって手が届く治療法にできるかが問われている。細胞治療全体の一部ではあるが、現在非常によい分化誘導法といわれている成長因子を数種類使用する心筋分化誘導方法を使うと仮定して、10億個という患者ひとり分に必要な心筋を分化させるために、分化誘導培地だけのコストを概算したところ、約1千万円という数字が得られた。分化誘導培地だけに1千万円ではとても普通に手が届くコストの治療法ではない。ところが、私たちが開発した低分子化合物を数種類組み合わせる分化誘導方法では、そのコストを削減することができる。現在までにさらに改良を加えたところ、分化誘導の安定性と効率を改善しただけでなく、コスト面でも１００分の1程度、すなわち10万円程度にまで大幅に削減することができた。極言すれば、成長因子を分化誘導などに用いている限りは、多数の患者にとって手が届く治療としての実用化は不可能であって、化合物で代替することが将来の実用化には不可欠である。

多能性幹細胞の実用化が進めば、実験室の培養皿などの小スケールではなく、実際にどの程度の細胞数で、どの程度の正常機能をもつような成熟細胞が必要になり、それを分化誘導するための培地や試薬の品質や安全性、そしてコストの観点からの検討と技術開発が不可欠となる。すなわち、新薬開発への応用においては、目的とする組織細胞の機能性をどの程度もち、安定した品質の細胞製品を継続的に生産供給して、そのコストを抑えることが必要である。さらに細胞治療に用いるための細胞生産のためには、使用する培養液や試薬については、すべて臨床応用が可能なレベルで品質保証されている必要があり、このような場合には高騰する傾向のあるコストについても、成長因子などタンパク質成分を低分子化合物に代替することによって、コスト削減と品質安定性を同時に達成できる新規技術開発が必要になる。

最後に、多能性幹細胞株から分化させて生産した心筋などの分化細胞の応用目的について整理しておく（図29）。報道や一般社会では、多能性幹細胞由来の細胞を移植して治療する再生医療への応用が強調されて期待されているが、その実用化のためには多くの種類の技術を改良して完成させる必要がある。それに加えて、もしも通常の医薬品に比べて大幅に高コストの医療になれば、実際の治療法として多くの患者にとって手が届く最適な医療にはならないかもしれない。しかしながら、再生医療とは別に、多能性幹細胞の確実な活用分野が存在する。すなわち心筋の場合には、心疾患のモデルを作って、病気発症のメカニズムを調べたり、その治療方法を見つけたり、新薬の開発に役立てることができる。さらに心筋や肝細胞などの場合は、新薬候補の心毒性や肝毒性などの副作用を信頼性高く検定するために確実に役立てることができる。これらの活用法によって、今後開発されてくる新薬の安全性を高めたり、開発コストを削減して新薬の値段を下げることにも大きく貢献できるはずである。

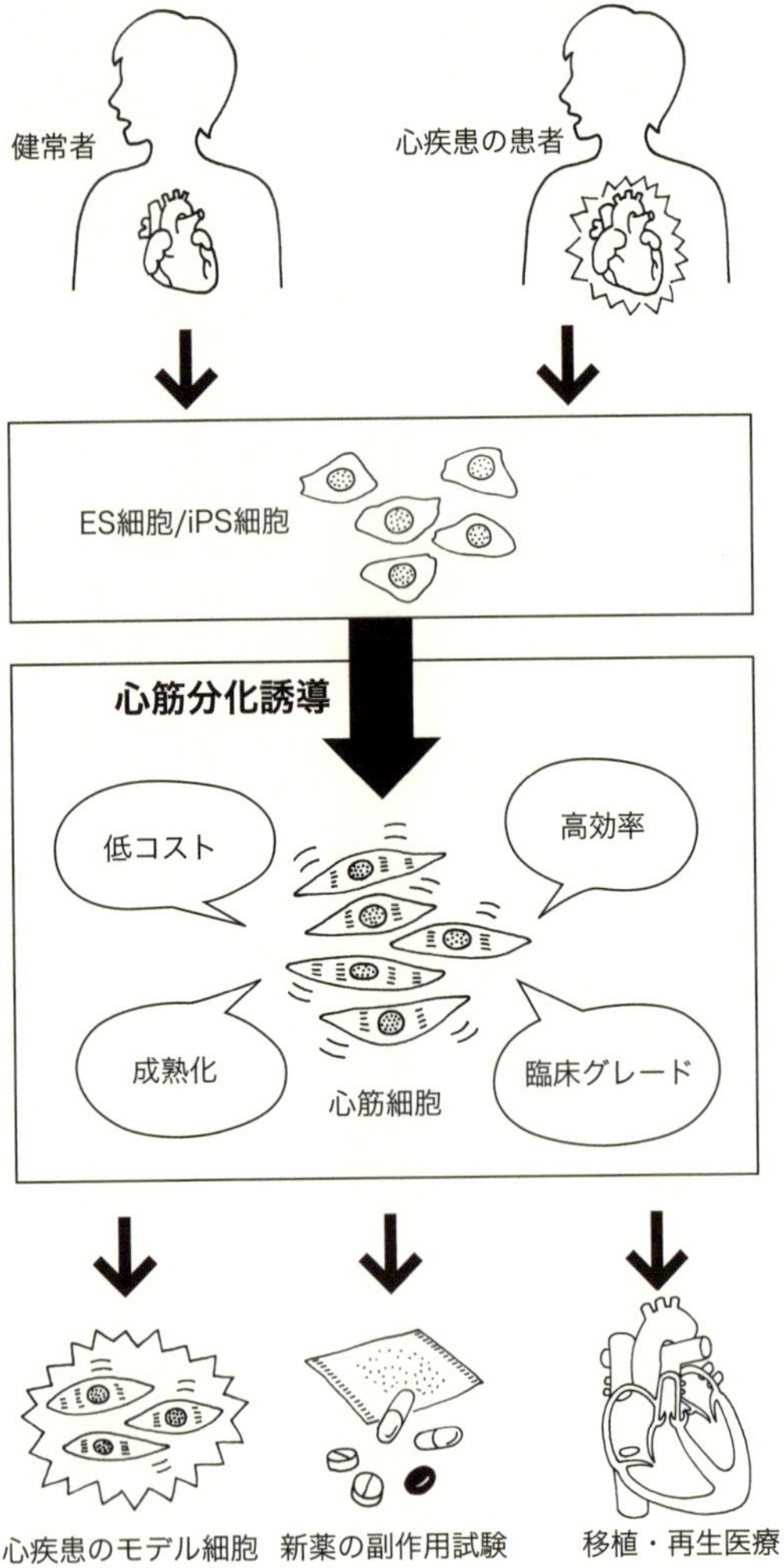

図 29　多能性幹細胞から分化させた心筋などの応用分野.

第11章 まとめ

本書では、多能性幹細胞（いわゆる万能細胞）とは何かということと、その創薬や医療への広範な応用可能性について述べてきた。ヒト多能性幹細胞を用いた再生医療における細胞治療への応用には、多能性幹細胞があわせもつ無限増殖能と多分化能が大きな可能性の源であり、これらは他種類の幹細胞では持ち得ない特別の能力である。両方の能力によって、均一な性質をもつ多種類の有用細胞を大量に生産することが可能である。すなわち医学創薬応用に不可欠な、品質が安定した、大スケールの細胞製品の生産が可能になり、これは同時に臨床応用に必要な厳密な品質検定と品質評価を可能にするだけでなく、大規模生産によるコストダウンによる、手が届くコストの多数患者への実用的医療を提供できる可能性を生み出すことになる。しかしながら、このような実用化を実現するためには、多能性幹細胞株の高品質かつ大量生産のための培養技術、目的細胞への安定した効率のよい分化誘導技術、病原体や毒物汚染やがん遺伝子変異などの品質評価検定技術、こうして生産された細胞製品の加工、保存、搬送システム、これらすべての優れた技術を開発し確立する必要がある。

では、このような医学創薬応用に用いる多能性幹細胞株にはどのような選択肢があるのだろうか、あるいはすでに最適なものが決まっているのだろうか。いま答えるならば、多能性幹細胞株の種類には多数のオプションがあり、細胞株の作成方法もまだ開発や改良が進行中であり、特定のどれかに現時点で決定すべきではなく、あるいは応用目的に応じて数種類の細胞株を使い分けるというのがベストアンサーになるかもしれない。実際ごく最近になって、多能性幹細胞や初期化の詳細な解析による新タイプの多能性幹細胞状態の発見が発表されていることから、この分野は依然として発展途上であるといえる。さらに付け加えれば、世界各国の研究者が協力して、多種類のヒト多能性幹細胞株を集めた細胞株バンクを設立して、国際的な共用リソースにすべきという意見が高まっている。そのために集める細胞株にはどのような基準と要件を設けるべきかという議論が国際的な研究者コンソーシアムによって2014年から2015年にかけて発表されている。各々の研究者や組織は自らの強みを生かした貢献を果たすと同時に、国際的な協力関係を同時に作り上げるのが理想的スキームであり、科学研究の分野ではゲノムプロジェクトなどの成功例も存在しているので、今後の発展を期待したい。

これまでに報告されている多能性幹細胞株のおもな種類を改めて列挙すると次のようになる。余剰胚から樹立されるES細胞株、着床前診断法により分離された初期胚細胞から樹立される「ヒト胚を壊していない」ES細胞株、生殖細胞への分化過程を逆戻りさせたEG細胞株やmGS細胞株、体細胞核を卵子細胞質で初期化したSCNT-ES細胞株、体細胞を初期化遺伝子の数種類の組み合わせにより初期化したiPS細胞株、初期化遺伝子以外の初期化因子で初期化したiPS細胞株、卵子の単為発生を起こさせたPG-ES細胞株。これらが多能性幹細胞株を作成法によって分類した現時点でのリストである。

これらの細胞株の特徴を指摘すると次のようになる。

・ES細胞株：ゴールドスタンダードともよばれる初期胚から分離した純正品の多能性幹細胞、余剰胚の提供を受ける必要がある。ヒト胚を壊すことなく樹立したES細胞株も作られている。

・EG細胞株とmGS細胞株：雌雄のゲノムインプリンティングが雌雄のどちらか片方であることが通常体細胞と異なるので、エピゲノムは特殊である。

・SCNT-ES細胞株：体細胞核の初期化とエピゲノムがiPS細胞よりも正常に近い可能性があるが、作成には卵子の提供を受ける必要がある。
・初期化遺伝子によるiPS細胞株：作成が容易で体細胞提供者ゲノムをもつ疾患モデル細胞の作成に最適であるが、初期化は不完全でエピゲノムは正常とはいえない、またゲノム変異のリスクはES細胞株より高い。
・初期化遺伝子を使わないiPS細胞株：初期化は不完全だとしても、初期化遺伝子残存によるリスクがない。一方、体細胞ゲノム変異のリスクは残る。
・PG-ES細胞株：倫理問題強調派が懸念する受精卵は使わない利点、卵子ゲノムだけをもつので組織適合抗原HLA型適合には有利だが、大部分の遺伝子座ホモ型によるリスクがあり得る。

さらに加えて、多能性幹細胞の状態は単一ではなく、複数存在することが知られている。その発見の元になったのが、マウスES細胞株とヒトES細胞株の性質の違いである。前者は細胞集団が丸く集まったコロニーを作り、後者は平面的なコロニーを作る。前者の培養増殖にはサイトカインのLIFが必要だが、後者にはbFGFが必要でLIFは効果がなかった。これらの研究から、マウスES細胞株は早期胚盤胞の内部細胞塊に近い多能性幹細胞であり、サル・ヒトES細胞株は胚盤胞の発生が進んで作られる胎児形成の元になるエピブラスト細胞層に近い多能性幹細胞である、といわれるようになった。前者をナイーブ型、後者をプライム型の多能性幹細胞株とよぶが、おそらくこの中間などさらに多種類が存在する可能性がある。このナイーブ型とプライム型の多能性幹細胞株の性質は、増殖速度や細胞死の起きやすさなど違いがあり、一般的にマウスES細胞株は扱いやすいが、サルやヒトES細胞株は扱いにくい原因となっている。したがって、もしヒトのナイーブ型多能性幹細胞株を安定に増殖維持できる実用的な方法が開発されれば、場合によっては現在のプライム型ではなくナイーブ型ヒト多能性幹細胞が応用の主力になるかもしれない。では、せっかくのこれまでの研究成果の意義が失われるかというとそうではなくて、現在のプライム型ES細胞やiPS細胞の増殖方法や分化誘導方法を改良するだけで、大部分の知見や技術は有効だと考えられる。

ここでも忘れてはならないのは、多能性幹細胞株をどのように樹立するかの研究開発段階は細胞株の種類によって違っていても、樹立された後の多能性幹細胞株を培養増殖させたのち、多様な有用細胞に分化誘導して、必要な品質検定を行い、さまざまな目的に応用するための多段階技術は、どんな多能性幹細胞株についても共通だということである。したがって、多能性幹細胞株の種類には、多数のオプションがあり、いまだすべての目的に単一種類の細胞株が最適だとはいえなくて、今後の研究進展によって、目的に応じて数種類の細胞株を使い分けることになるとしても、あらゆる種類の多能性幹細胞株を使いこなして活用するための技術は、本当に幸いなことに、ほぼ共通で汎用性があるという事実が重要なのである。

最後に強調しておきたいのは、幹細胞の基礎研究への興味から研究を行うことはもちろん意義があるのだが、やはり全体として目指すべきは、どのようにして、多数の患者に手が届くコストでの再生医療を実現するかであり、そのために必要な研究開発を主要な目標とすべきことである。つまり、実用的医療に不可欠な、論文発表よりさらに高い再現性レベルと安定性と信頼性をもつ技術開発、安全性の確保、品質管理と品質保証、多数患者を治療できる大スケール化、そしてコストダウンである。このような、多能性幹細胞の医学創薬への実用化や産業化の視点から、世界の動向と展望を取りまとめた私たちの総説を参考文献として巻末に加えた。

エピローグ

1. 基礎研究と応用、そして実用化をつなぐ研究開発の重要性

本書を読んで下さった方には、発生生物学や細胞生物学などの基礎研究が、多能性幹細胞というすばらしい能力をもつ細胞株を生み出して、それを再生医療や新薬開発などに応用するための基盤技術にも貢献しているという、基礎研究と応用研究との関係を理解していただけたと思う。大学研究者や社会の中で、基礎的な学術研究の重要性と、人々と社会に役立つ応用研究の重要性について、どちらが重要なのか、どちらに研究費などの資源を投入すべきかの議論があるが、当然ながら両方ともに重要であり、そのバランスをいかにして最適化するかが重要な問題である。それを考えると、とくに重要で不可欠なのは、基礎研究の成果を応用技術につなぐ部分の研究であり、橋渡し研究やトランスレーショナル研究とよばれる部分である。ところが残念なことに、基礎研究と応用研究の両分野では多くの研究者が研究開発を進めているが、肝心の橋渡し研究分野を選択して活躍している研究者の数は不足している。この弱点を改善す

ることなくしては、科学技術が社会に役立つ可能性が減少すると同時に、基礎研究の社会的意義も激減することになる。

大学などにおける従来の科学研究は、知的好奇心に基づく、自然や世界の有り様としくみを探究するための学問だった。それが、産業革命などにはじまる科学技術の発展によって、基礎研究の成果が社会的意義の大きな応用技術を生み出したことから、基礎研究と応用開発の関係が改めて問い直された。それを分析した書籍として知られているのが、デイビッド・クーパー（David Cooper）博士の"The University in Development: Case Studies of Use-Oriented Research"である。つまり、大学の役割、とくに社会における役割を再整理した著作である。まず、大学等での基礎研究は、Curiosity Oriented Pure Basic Research, つまり自然のしくみを解明したいという興味で研究してきた。おそらく日本の大学等の研究者の7～8割は、学術研究を発展させて知識体系の基盤を作ることを目的とする、このような基礎研究者でよいのだと思う。しかしながら、それ以外の2～3割の研究者は、基礎研究を応用技術につなぐ研究に興味を持ち、積極的に前進させる人たちであるべきと考える。このような研究をUse-inspired Basic Researchとよんで整理している。その先には、実際の応用技術を研究するPure Applied Researchが存在している。

すでに実際の社会と産業で使われている技術をさらに改良するのとは違う、新規性の高い次世代技術を生み出すブレイクスルーを可能にするには、従来技術の改良だけではなく、やはり基礎研究の成果を創造的に活用した新たな応用技術を生み出す必要がある。この場合、多くの研究者は、どのように応用するかは実際には考えない基礎研究を進めて、基盤的な知識体系を進歩させることに貢献して、彼ら自身は基礎研究の成果を研究論文として出版することが最終ゴールと考えているとしても、それ以外のたとえば3割ほどの研究者は、基礎研究の成果を新規で重要な応用技術につなげることを目的とする、橋渡し研究に情熱をもって取り組むことが必要であると筆者は考えている。

社会における健全な科学技術の発展には、このような基礎研究の成果を応用技術につなげる研究に興味をもつ優れた人材が必要になる。それに加えて重要なのは、ひとつの研究分野で優れた研究成果を挙げて、その分野で注目される論文を発表している研究者だけでは、意義の大きな新規技術の開発は困難な場合が多いことである。ひとつの分野内で可能な発展はすでに実現していることが多く、いままでにない新規性は分野の垣根を超えた展開によってはじめて可能になることが多い。別の観点でいえば、Use-inspiredという意味は、ある研究テーマを研究者自身が設定して、そのテーマの枠内で研究するだけでは、現実社会で役立つ画期的技術を開発することは不可能であり、現実の応用現場で必要となる技術開発は、その応用を将来目標とする単一研究分野だけでなく、数種類または多数の異分野の研究成果を組み合わせた技術開発が不可欠になる。つまり、現実の世界と社会が研究内容を指定し要請するのが、学術的基礎研究とはまったく異なる応用を目指した基礎研究の特性である。

従来の研究者コミュニティをながめると、科学研究者の大部分は、特定の研究分野で育成されてきて、その研究活動も特定分野の学会などのコミュニティで認められて評価されているのが現状である。つまり、異分野にまたがる研究を行ったり、基礎分野と応用分野にまたがる研究者は、母体となる研究者コミュニティ内に安住できないことになり、少なくとも今日までの日本では、研究費や研究職ポスト獲得などで有利とはいえず、それでもあえて挑戦する研究者のキャリアパスはしばしば不合理な困難を切り開くことになる場合が多かった。

しかしながら、現在の社会で求められていながら実際に不足しているのは、多様な知識と興味をもつ人材だと考える。このような、基礎と応用や異分野を融合した学際的な科学者として成功するのは、さまざまなことに好奇心や探究心をもって、あるいは学際的・国際的・社会的な関心をもって、基礎研究と技術開発を結びつける意欲をもっている人材である。そして、ひとつの研究分野に固執するのではなく、研究者としてのキャリアや時代の移り変わりの中で、目指す方向性と必要性の変化に応じて研究分野を変えることができるような、将来を展望する想像力をもつ人材が必要になる。しかしながら、この道ひと筋ということを推奨されてそれで評価されることが多い伝統的な日本では、このような学際的で国際的な異分野融合人材は、既存の権威からはあまり評価される機会がないかもしれないが、将来必ず最も評価され求められるであろう人材である。

以上のことを、本書のテーマである幹細胞研究と再生医療や創薬への応用に当てはめて考えると、基礎研究と医薬応用との橋渡しに大きく貢献できる人材というのは、(1) 幹細胞や多能性というきわめて生物学的に複雑で根本的な基礎研究としての問題を本当に理解している必要があると同時に、(2) 再生医療への応用には先端医療を実現するための適切な進め方やリスクベネフィットのバランス検討、信頼性・安全性の検討など、臨床応用に関する慎重で着実な考え方と十分な知識が必要になる。しかもそれだけでなく、(3) 再生医療を多数の患者に手が届くコストで届けるためには、医療産業としての信頼性とコスト面を改善する技術革新が必要で、これなくしては真に患者や社会に貢献できない。つまり、再生医療の真の発展には、基礎研究、臨床応用、実用化・産業化という三者が共に発展する必要があり、これらを各々バラバラではなく、緊密に連携させてバランスよく全体を推進するための人材や政策が求められているのである。

2. 基礎と応用をつなぐ研究者の役割

ではだれが、基礎研究の成果を医薬応用と実用化につなぐという、複雑で困難な課題を解決しながら発展させるのか。そこには、人材育成の問題がある。私自身の人生がそのような役割を担当することになったので、ここで私のキャリアを振り返らせていただくことにする。繰り返しになるが、日本では基礎研究者と臨床や産業の応用研究者とが仕分けされていて、基礎のほうが重要だ、いや応用こそが重要だと、公的リソースの獲得で競合している構図がある。しかし最も重要なのは、基礎研究と応用や産業発展をつなぐ橋渡し研究なのに、それを担当する人材と活動が不足しているのが現状である。私自身は運命というかキャリアの流れの中で、まさにこのような基礎と応用をつなぐ役割を、自分の天職と感じながら熱意をもって引き受けている。

私の科学者としてのキャリアは、基礎生物学の研究者としてはじまった。京都大学の理学部に入学して大学院に進学し、カエルなど両生類の発生生物学という、基礎の中で最も基礎分野の研究からはじまった。理学博士号を取得したのち、ヨーロッパおよび米国にポスドク研究員として留学して、両生類よりは人間に近い哺乳類である実験用マウスを使った研究をはじめ、やがて帰国して自分自身の研究室をもったときには、応用にもある程度つながる研究テーマを選ぶことになった。応用を念頭に置きはじめた理由としては、帰国時にマウスES細胞の研究をはじめたということと、帰国して最初に職を得たのが民間企業の研究所だったということがある。基礎研究も行える民間研究所ではあったが、研究所の設立目的を考えると、当然ながら応用のことも念頭に置く必要があった。つまり、それまではまったくの基礎研究者が、今度はUse-Inspired Basic Researchにはじめて参入することになった。その後、学術研究が主体の国立遺伝学研究所に戻った後も、マウスES細胞と生殖細胞の研究を続けていたが、サルES細胞株の樹立を製薬企業との共同研究で成功した頃に、京都大学の再生医科学研究所に着任した。再生医学の基盤作りという、応用目的を念頭においた基礎研究を進める研究所において、ヒトES細胞株の樹立分配と活用のための研究プロジェクトを率いることになったときには、まさに将来の医学、創薬に役立つ基礎研究、すなわちUse-Inspired Basic Researchの真っただ中に入ったことになる。

このような私の研究者キャリアを整理すると、京都大学理学部と大学院を修了したのち、欧米の大学でポスドクとして研究したのち、国内の民間研究所という応用も考えるべき場所から、アカデミアの牙城のような国立遺伝学研究所に移り、そのあと京都大学の再生医科学研究所で腰を据えて研究を発展させたことになる。この再生研が、再生医学という応用を念頭に置いて関連分野の基礎研究を進めるということを目的として改組新設された研究所だったことが、私の研究者としての経験や考え方、性格にぴったりと合致したことは幸運だったと考えている。

京大再生研では、その設立目的に合致する仕事、すなわち、ヒトＥＳ細胞株を樹立して、多くの研究機関に分配して、幹細胞研究と再生医学の発展に貢献するという、研究活動だけでなく複雑で慎重な社会的対応を要求される役割を引き受けて成功させた。その間には、ヒト多能性幹細胞の培養に必要な培養液や試薬を開発した成果を広く活用してもらうために、大学発ベンチャー企業を設立した。さらにその後、細胞生物学と化学および物理学を融合させた学際研究を発展させるための国際的な研究所である、物質‐細胞統合システム拠点を設立した、というのが私の科学者人生になる。

私は、科学者や研究者のタイプを分類すると、次のようになると考えている。

（1）基礎研究に没頭する。これは従来型の科学者ともいえる。

（2）基礎研究を自身は担当するが、応用は誰かに任せる。現実にはこれが大多数になる。

（3）研究者としてキャリアをはじめるが、途中から起業家となり、ベンチャー企業に全力投入する。米国などで多いが、日本でも最近少し増えている。

（4）科学者としてのキャリアを発展させた後期から、産業活用や起業活動を増やす。これが私自身のタイプであるが、科学者起業家とよべる。

さて、私がこれからの人生で、自分の知識や経験を注ぎ込んで積極的に取り組みたいのは、幹細胞の応用に関係した産業活動への貢献である。そこで私は、既存企業へのコンサルテーション活動をはじめようと考えた。たとえば幹細胞関連分野に新しく参入したいという材料系やデバイス系企業が、通常の研究者に相談すると、その研究者の興味に偏ったアドバイスを受けることになる。しかしながら、グローバルなニーズがどうあってマーケットがこうなるだろうから、その企業の技術のこの部分はこう活用できるのではないか、というアドバイスこそが本当は必要になる。このようなコンサルティングは、通常の大学の研究者には不可能であり、異分野にまたがる経験に加えて、世界各国のキーパーソン研究者との人脈を活用してはじめて可能となる。それに加え、日本ではまだ不足している新規ベンチャー企業設立の支援も行いたいと考えている。

大学などの研究成果を産業界に橋渡しするうえで不可欠なのは、数多くのベンチャー企業の設立と活躍であると考えている。つまり、基礎研究や応用研究の成果はそれだけでは実用化にはまだ使えないし、その新規技術が果たして実用化に至りビジネスとして成功するかどうかも不透明である。他方、既存の企業は多くの従業員の雇用と企業存続の責任を重視する立場の経営判断として、成功率の高くない事業をはじめるリスクを取るのは難しい。この両者をつなぐのがベンチャー企業の役割である。つまり実用化が成功するかどうかのリスクが高い新規技術だが、リスク承知の投資を受けて実用化を試すことができる。成功率が低いチャレンジであっても、たとえ失敗してもその経験を生かして次の挑戦を目指すことができるのがベンチャー企業である。つまりハイリスクハイリターンの挑戦者の活躍が、科学研究成果の実用化による社会貢献には不可欠だということになる。

幹細胞と再生医療などの国際会議で、世界各国の研究者や科学者と話すと、大学の名刺に加えて自分で起業した会社の名刺をもっている研究者は多いが、日本の研究者では非常に少ない。しかしながら、このような科学者起業家が出現することが、科学研究に対する社会からのサポート、そして研究成果を本当に実用化するには重要で不可欠である。私自身は、発生工学や多能性幹細胞科学が出現し発展する時代に遭遇して、幸いにも情熱を注いで活動する機会を与えられた。そのチャンスを捉えて、基礎研究と応用研究に取り組み、そして産業応用と実用化、起業家としての活動にも熱意をもって取り組むことができて幸運だった。

国の内外を問わず、科学者という職業はこれまでになく注目を浴びると同時に、不安定なキャリアの中、競争の厳しさが増している。しかしながら、次の時代を切り開く次世代科学者の育成と活躍は社会にとって不可欠である。本書が、そのような若者に対して、少しでも新たな知恵と勇気を与えることができれば、望外の喜びである。

索　引

さ　行

た　行

な　行

は　行

ま　行

や　行

ら・わ 行

図の出典

図 2, 3, 5, 6, 7, 8, 18, 28, 29
イラスト作成：安富佐織
（図 18 は饗庭一博氏提供の原図より改変）

図 9,10,15,16
写真提供：京都大学再生医科学研究所

図 11
Evans, J.,'UK science dealt lighter blow than other sectors in budget cuts', Reprinted by permission from Macmillan Publishers Ltd: *Nature Medicine,* 16, copyright 2010.

図 12
'Fewer See Stem Cell Research and IVF as Moral Issues: Abortion Viewed in Moral Terms', Pew Research Center's Religion & Public Life Project, 2013.
〈http://www.pewforum.org/2013/08/15/abortion-viewed-in-moral-terms/〉

図 13
Pera, M. and Trounson, A.,'Cloning debate: Stem-cell researchers must stay engaged', Reprinted by permission from Macmillan Publishers Ltd: *Nature,* 498, copyright, 2013.

図 14
写真提供：長谷川光一

図 19
原図提供：饗庭一博

図 20
写真提供：ニプロ株式会社

図 21～24
Otsuji, T. G. *et al.,* 'A 3D sphere culture system containing functional polymers for large-scale human pluripotent stem cell production', *Stem Cell Rep.,* 2: 734-745 (2014) より.

図 25～29
Minami, I. *et al.,* 'A small molecule that promotes cardiac differentiation of human pluripotent stem cells under defined, cytokine- and xeno-free conditions', *Cell Rep.,* 2: 1448-1460 (2012) より.

参考文献

はじめに

中辻憲夫, 『ヒト ES 細胞　なぜ万能か』 岩波科学ライブラリー(2002).

第 1 章

Stevens, L. C., Little, C. C., 'Spontaneous testicular teratomas in an inbred strain of mice', *Proc. Nat. Acad. Sci. USA* 40: 1080-1087 (1954).

Stevens, L. C., 'Studies on transplantable testicular teratomas of strain 129 mice', *J. Nat. Cancer Inst.* 20: 1257-1272 (1958).

Evans, M. J., Kaufman, M. H., 'Establishment in culture of pluripotential cells from mouse embryos', *Nature* 292: 154-156 (1981).

Thomson, J. A., Kalishman, J., Golos, T. G., During, M., Harris, C. P., Becker, R. A., Hearn, J. P., 'Isolation of a primate embryonic stem cell line'. *Proc. Nat. Acad. Sci. USA* 92: 7844-7848 (1995).

Thomson, J. A., Itskovitz-Eldor, J., Shapiro, S. S., Waknitz, M. A., Swiergiel, J. J., Marshall, V. S., Jones, J. M., 'Embryonic stem cell lines derived from human blastocysts', *Science* 282: 1145-1147 (1998).

Gurdon, J. B., Elsdale, T. R., Fischberg, M., 'Sexually mature individuals of *Xenopus laevis* from the transplantation of single somatic nuclei', *Nature* 182: 64-65 (1958).

Campbell, K. H. S., McWhir, J., Ritchie, W. A., Wilmut, I., 'Sheep cloned by nuclear transfer from a cultured cell line', *Nature* 380: 64-66 (1996).

Wakayama, T., Perry, A. C. F., Zuccotti, M., Johnson, K. R., Yanagimachi, R., 'Full-term development of mice from enucleated oocytes injected with cumulus cell nuclei', *Nature* 394: 369-374 (1998).

Tachibana, M., Amato, P., Sparman, M., Gutierrez, N. M., Tippner-Hedges, R., Ma, H., Kang, E., Fulati, A., Lee, H.-S., Sritanaudomchai, H., Masterson, K., Larson, J., Eaton, D., Sadler-Fredd, K., Battaglia, D., Lee, D., Wu, D.,

Jensen, J., Patton, P., Gokhale, S., Stouffer, R. L., Wolf, D., Mitalipov, S., 'Human embryonic stem cells derived by somatic cell nuclear transfer', *Cell* 153: 1228-1238 (2013).
Tada, M., Takahama, Y., Abe, K., Nakatsuji, N., Tada, T., 'Nuclear reprogramming of somatic cells by in vitro hybridization with ES cells', *Curr. Biol.* 11: 1553-1558 (2001).
Takahashi, K., Yamanaka, S., 'Induction of pluripotent stem cells from mouse embryonic and adult fibroblast cultures by defined factors', *Cell* 126: 663-676 (2006).
Takahashi, K., Tanabe, K., Ohnuki, M., Narita, M., Ichisaka, T., Tomoda, K., Yamanaka, S., 'Induction of pluripoptent stem cells from adult human fibroblasts by defined factors', *Cell* 131: 861-872 (2007).
Yu, J., Vodyanik, M. A., Smuga-Otto, K., Antosiewicz-Bourget, J., Frane, J. L., Tian, S., Nie, J., Jonsdottir, G. A., Ruotti, V., Stewart, R., Slukvin, I. I., Thomson, J. A., 'Induced pluripotent stem cell lines derived from human somatic cells', *Science* 318: 1917-1920 (2007).

第4章

Matsui, Y., Zsebo, K., Hogan, B. L. M., 'Derivation of pluripotential embryonic stem cells from murine primordial germ cells in culture', *Cell* 70: 841-847 (1992).
Kanatsu-Shinohara, M., Inoue, K., Lee, J., Yoshimoto, M., Ogonuki, N., Miki, H., Baba, S., Kato, T., Kazuki, Y., Toyokuni, S., Toyoshima, M., Niwa, O., Oshimura, M., Heike, T., Nakahata, T., Ishino, F., Ogura, A., Shinohara, T., 'Generation of pluripotent stem cells from neonatal mouse testis', *Cell* 119: 1001-1012 (2004).
Suemori, H., Tada, T., Torii, R., Hosoi, Y., Kobayashi, K., Imahie, H., Kondo, Y., Iritani, A., Nakatsuji, N., 'Establishment of embryonic stem cell lines from Cynomolgus monkey blastocysts produced by IVF or ICSI', *Dev. Dynamics* 222: 273-279 (2001).
Suemori, H., Yasuchika, K., Hasegawa, K., Fujioka, T., Tsuneyoshi, N., Nakatsuji, N., 'Efficient establishment of human embryonic stem cell lines and long-term maintenance with stable karyotype by enzymatic bulk passage', *Biochem. Biophys. Res. Comm.* 345: 926-932 (2006).

第5章

News: Stem cell support cuts across party lines, *Nat. Med.* 16: 1173 (2010).
Pew Research Center: Abortion viewed in moral terms−Few see stem cell research and IVF as moral issues (2013).
〈www.pewresearch.org/religion〉

Nisbet, M. C., Becker, A. B., 'The polls – trends: Public opinion about stem cell research, 2002 to 2010', *Public Opinion Quarterly* (2014).

Pera, M., Trounson, A., 'Comment: Stem-cell researchers must stay engaged', *Nature* 498: 159-161 (2013).

Scott, C. T., McCormick, J. B., DeRouen, M. C. Owen-Smith, J., 'Democracy derived? New trajectories in pluripotent stem cell research', *Cell* 145: 820-826 (2011).

Alberta, H. B., Cheng, A., Jackson, E. L., Pjecha, M., Levine, A. D., 'Assessing state stem cell programs in the United States: How has state funding affected publication trends?', *Cell Stem Cell* 16: 115-118 (2015).

第6章

Miyazaki, T., Futaki, S., Suemori, H., Taniguchi, Y., Yamada, M., Kawasaki, M., Hayashi, M., Kumagai, H., Nakatsuji, N., Sekiguchi, K., Kawase, E., 'Laminin E8 fragments support efficient adhesion and expansion of dissociated human pluripotent stem cells', *Nat. Comm.* 3: article number 1236 (2012).

Ben-David, U., Benvenisty, N., 'The tumorigenicity of human embryonic and induced pluripotent stem cells', *Nat. Rev. Cancer* 11: 268-277 (2011).

Young, M. A., Larson, D. E., Sun, C.-W., George, D. R., Ding, L., Miller, C. A., Lin, L., Pawlik, K. M., Chen, K., Fan, X., Schmidt, H., Kalicki-Veizer, J., Cook, L. L., Swift, G. W., Demeter, R. T., Wendl, M. C., Sands, M. S., Mardis, E. R. Wilson, R. K., Townes, T. M., Ley, T. J., 'Background mutations in parental cells account for most of the genetic heterogeneity of induced pluripotent stem cells', *Cell Stem Cell* 10: 570-582 (1012).

Lund, R. J., Narva, E., Lahesmaa, R., 'Genetic and epigenetic stability of human pluripotent stem cells,' *Nat. Rev. Genet.* 13: 732-744 (2012).

Cahan, P., Daley, G. Q., 'Origins and implications of pluripotent stem cell variability and heterogeneity,' *Nat. Rev. Mol. Cell Biol.* 14: 357-368 (2013).

Liag, G., Zhang, Y., 'Genetic and epigenetic variations in iPSCs: Potential causes and implications for application', *Cell Stem Cell* 13: 149-159 (2013).

Schlaeger, T. M., Daheron, L., Brickler, T. R., Entwisle, S., Chan, K., Cianci, A., DeVine, A., Ettenger, A., Fitzgerald, K., Godfrey, M., Gupta, D., McPherson, J., Malwadkar, P., Gupta, M., Bell, B., Doi, A., Jung, N., Li, X., Lynes, M. S., Brookes, E., Cherry, A. B. C., Demirbas, D., Tsankov, A. M., Zon, L. I., Rubin, L. L., Feinberg, A. P., Meissner, A., Cowan, C. A., Daley, G. Q., 'A comparison of non-integrating reprogramming methods', *Nat. Biotech.* 33: 58-63 (2015).

第7章

Schwartz, S. D. Regillo, C., Lam, B. L., Eliott, D., Rosenfeld, P. J., Gregori, N. Z., Hubschman, J.-P., Davis, J. L., Heilwell, G., Spirn, M., Maguire, J., Gay, R., Bateman, J., Ostrick, R. M., Morris, D., Vincent, M., Anglade, E., Del Priore, L. V., Lanza, R., 'Human embryonic stem cell-derived retinal pigment epithelium in patients with age-related macular degeneration and Stargardt's macular dystrophy: follow-up of two open-label phase 1/2 studies', *Lancet* doi:10.1016/S0140-6736(14)61376-3 (2014).

Solomon, S., Pitossi, F., Rao, M. S., 'Banking on iPSC – Is it doable and is it worthwhile', *Stem Cell Rev. Rep.* **11**: 1-10 (2015).

Bravery, C. A., 'Do human leukocyte antigen-typed cellular therapeutics based on induced pluripotent stem cells make commercial sense?' *Stem Cell Dev.* **24**: 1-10 (2015).

Wood, K. J., Sakaguchi, S., 'Regulatory T cells in transplantation tolerance', *Nat. Rev. Immunol.* **3**: 199-210 (2003).

坂口志文（編），「制御性T細胞－その基礎と臨床展開（特集号）」，医学のあゆみ **246** 巻，10 号 (2013).

Zakrzewski, J. L., van den Brink, M. R. M., Hubbell, J. A., 'Overcoming immunological barriers in regenerative medicine', *Nat. Biotech.* **32**: 786-794 (2014).

Luan, N. M., Iwata, H., 'Long-term allogeneic islet graft survival in prevascularized subcutaneous sites without immunosuppressive treatment', *Amer. J. Transplan.* **14**: 1533-1542 (2014).

Lui, K. O., Howie, D., Ng, S.-W., Liu, S., Chien, K. R., Waldmann, H., 'Tolerance induction to human stem cell transplants with extension to their differentiated progeny', *Nat. Comm.* **5**: article number 5629 (2014).

Talib, S., Millan, M. T., Jorgenson, R. L., Shepard, K. A., 'Proceedings: Immune tolerance and stem cell translation: A CIRM mini-symposium and workshop report', *Stem Cell Trans. Med.* **4**: 4-9 (2015).

Szot, G. L., Yadav, M., Lang, J., Kroon, E., Kerr, J., Kadoya, K., Brandon, E. P., Baetge, E. E., Bour-Jordan, H., Bluestone, J. A., 'Tolerance induction and reversal of diabetes in mice transplanted with human embryonic stem cell-derived pancreatic endoderm', *Cell Stem Cell* **16**: 148-157 (2015).

第9章

Otsuji, T. G., Bin, J., Yoshimura, A., Tomura, M., Tateyama, D., Minami, I., Yoshikawa, Y., Aiba, K., Heuser, J. E., Nishino, T., Hasegawa, K., Nakatsuji, N., 'A 3D sphere culture system containing functional polymers for large-scale human pluripotent stem cell production', *Stem Cell Rep.* **2**: 734-745 (2014).

JST サイエンスチャンネル〈http://m.youtube.com/watch?v=leGz201kNAs〉

第10章

Minami, I., Yamada, K., Otsuji, T. G., Yamamoto, T., Shen, Y., Otsuka, S., Kadota, S., Morone, N., Barve, M., Asai, Y., Tenkova-Heuser, T., Heuser, J. E., Uesugi, M., Aiba, K., Nakatsuji, N., 'A small molecule that promotes cardiac differentiation of human pluripotent stem cells under defined, cytokine- and xeno-free conditions', *Cell Rep.* 2: 1448-1460 (2012).

第11章

Hussein, S. M. I., Puri, M. C. Tonge, P. D., Benevento, M., Corso, A. J., Clancy, J. L., Mosbergen, R., Li, M., Lee, D.-S., Cloonan, N., Wood, D. L. A., Munoz, J., Middleton, R., Korn, O., Patel, H. R., White, C. A., Shin, J.-Y., Gauthier, M. E., Le Cao, K.-A., Kim, J.-I., Mar, J. C., Shakiba, N., Ritchie, W., Rasko, J. E. J., Grimmond, S. M., Zandstra, P. W., Wells, C. A., Preiss, T., Seo, J.-S., Heck, A. J. R., Rogers, I. M., Nagy, A., 'Genome-wide characterization of the routes to pluripotency', *Nature* 516: 198-206 (2014).

Tonge, P. D., Corso, A. J., Monetti, C., Hussein, S. M. I., Puri, M. C., Michael, I. P., Li, M., Lee, D.-S., Mar, J. C., Cloonan, N., Wood, D. L., Gauthier, M. E., Korn, O., Clancy, J. L., Preiss, T., Grimmond, S. M., Shin, J.-Y., Seo, J.-S., Wells, C. A., Rogers, I. M., Nagy, A., 'Divergent reprogramming routes lead to alternative stem-cell states', *Nature* 516: 192-197 (2014).

Soares, F. A. C., Sheldon, M., Rao, M., Mummery, C., Vallier, L., 'International coordination of large-scale human induced pluripotent stem cell initiatives: Wellcome Trust and ISSCR workshops white paper', *Stem Cell Rep.* 3: 931-939 (2014).

Andrews, P. W., Baker, D., Benvinisty, N., Miranda, B., Bruce, K., Brüstle, O., Choi, M., Choi, Y.-M., Crook, J. M., de Sousa, P. A., Dvorak, P., Freund, C., Firpo, M., Furue, M. K., Gokhale, P., Ha, H.-Y., Han, E., Haupt, S., Healy, L., Hei, D. J., Hovatta, O., Hunt, C., Hwang, S.-M., Inamdar, M. S., Isasi, R. M., Jaconi, M., Jerkele, V., Kamthorn, P., Kibbey, M. C., Knezevic, I., Knowles, B. B., Koo, S.-K., Laabi, Y., Leopoldo, L., Liu, P., Lomax, G. P., Loring, J. F., Ludwig, T. E., Montgomery, K., Mummery, C., Nagy, A., Nakamura, Y., Nakatsuji, N., Oh, S., Oh, S.-K., Otonkoski, T., Pera, M., Peschanski, M., Pranke, P., Rajala, K. M., Rao M., Ruttachuk, R., Reubinoff, B., Ricco, L., Rooke, H., Sipp, D., Stacey, G. N., Suemori, H., Takahashi, T. A., Takada, K., Talib, S., Tannenbaum, S., Yuan, B.-Z., Zeng, F., Zhou, Q., 'Points to consider in the development of seed stocks of pluripotent stem cells for clonical applications: International Stem Cell Banking Initiative (ISCBI)', *Regen. Med.* 10 (2 Suppl): 1-44 (2015).

中辻憲夫，浅田　孝，仙石慎太郎，「ヒト多能性幹細胞（ES/iPS 細胞）の医療・創薬応用を目指す技術と政策―グローバルビューと海外動向」，再生医療 12: 316-341 (2013).

エピローグ

Cooper, D., “The University in Development – Case Studies of Use-Oriented Research”, HSRC Press (2011).

著者紹介

中辻　憲夫（なかつじ・のりお）

1950年生まれ．京都大学名誉教授．理学博士．京都大学大学院博士課程修了，ウメオ大学，マサチューセッツ工科大学，ジョージワシントン大学，ロンドン大学に留学ののち，明治乳業ヘルスサイエンス研究所研究室長，国立遺伝学研究所教授，京都大学再生医科学研究所教授，同所長を経て，物質-細胞統合システム拠点設立拠点長．日本で最初にヒトES細胞株を樹立分配した．著書に『ヒトES細胞 なぜ万能か』（岩波科学ライブラリー，2002），監修書に『ES・iPS細胞実験スタンダード（実験医学別冊）』（羊土社，2014）などがある．

サイエンス・パレット 026

幹細胞と再生医療

平成27年6月30日　発　行

著作者　中　辻　憲　夫

発行者　池　田　和　博

発行所　丸善出版株式会社

〒101-0051　東京都千代田区神田神保町二丁目17番

編 集：電 話(03)3512-3265／FAX(03)3512-3272

営 業：電 話(03)3512-3256／FAX(03)3512-3270

http://pub.maruzen.co.jp/

組版印刷・製本／大日本印刷株式会社

ISBN 978-4-621-08943-9 C0345　Printed in Japan